Nikita Gribenko

Jung führt Alt

Nikita Gribenko

Jung führt Alt

Praxistraining

UVK Verlag · München

Bibliografische Information der Deutschen Bibliothek
Die Deutsche Bibliothek verzeichnet diese Publikation in der Deutschen Nationalbibliografie; detaillierte bibliografische Daten sind im Internet über <http://dnb.ddb.de> abrufbar.

ISBN 978-3-86496-899-8 (Print)
ISBN 978-3-7398-0464-4 (EPUB)
ISBN 978-3-7398-0465-1 (EPDF)

Einbandgestaltung: Susanne Fuellhaas, Konstanz
Einbandmotiv: © iStockphoto – Byrdyak
Printed in Germany

UVK Verlag
Nymphenburger Straße 48 · 80335 München
Tel. 089/452174-65
www.uvk.de

Narr Francke Attempto Verlag GmbH & Co. KG
Dischingerweg 5 · 72070 Tübingen
Tel. 07071/9797-0
www.narr.de

Ratgeber – ein mahnendes Wort

Ihr wollt aus meiner Erfahrung schöpfen? Nicht mit 1.000 Wörtern kann ich Euch auch nur einen meiner Gedanken beschreiben. Sie sind klar im Bilde, einfach in der Wahrnehmung und doch so komplex für Dritte. Ein jener Gedanke, welcher mich Jahre der Geduld, Erschöpfung, Lehre und des Misserfolgs gekostet hat. Ich lehre Euch zu erkennen, denken und verstehen – der Weg ist der Eure.

Inhaltsübersicht

Inhaltsverzeichnis

Die Gedanken des Autors

Ein Buch, das mehrere Seiten vereint – ein Bruch in der Literatur, eine Vollendung in der persönlichen Zielfindung. Ein Werk, welches zwei Grundzüge Ihrer Person vereint – Sie zum heutigen Tag und Sie zu einem späteren Zeitpunkt. Ein Ratgeber, der nicht als solcher gesehen werden möchte. Ein Buch, das Sie in Ihrer individuellen Entwicklung begleiten und unterstützen wird. Wissen und Aufgaben, die Ihnen die Möglichkeiten zur Beobachtung, Analyse und Reflexion geben. Ein Prozess, der Sie in Ihrer persönlichen Entwicklung begleitet. Ein innerer Weg, verbunden mit den äußeren Fertigkeiten – eine Symbiose für Sie als Führungskraft.

Ein Werk, entstanden aus einem Bedarf der aktuellen Zeit, unserer Gesellschaft. Inhalte, die sich speziell an junge Führungskräfte richten. Abgeleitetes Wissen aus der individuellen Betreuung von angehenden Führungskräften sowie derer, die die Tätigkeit bereits ausführen. Ein Buch und ein Seminarangebot von gk-coaching.de, als logische Konsequenz zweier, die gegenwärtige Arbeitswelt bestimmender Faktoren:

Als **demographischer Wandel** werden das Schrumpfen und das Altern der deutschen Bevölkerung bezeichnet. So geht das Statistische Bundesamt davon aus, dass die Bevölkerungszahl in Deutschland bis zum Jahr 2050 um etwa 7 Millionen Menschen zurückgehen wird. Ursache ist, dass bereits seit den frühen 1970er-Jahren die Anzahl der Geburten unter der der Sterbefälle liegt. Da gleichzeitig jedoch das Renteneintrittsalter mehrfach nach oben korrigiert wurde, ändert sich die Zusammensetzung der deutschen Arbeitnehmerschaft. So sind auf dem Arbeitsmarkt zunehmend mehr und mehr Arbeitnehmer jenseits der 50, aber auch jenseits der 60 tätig. Gleichzeitig drängen von den Hochschulen – unter anderem durch die Verkürzung der gymnasialen Oberstufe und die Umstellung der Studiengänge auf Bachelor und Master junge, gut ausgebildete Arbeitnehmer nach. Dadurch steigt die Altersheterogenität der Belegschaften.

Gleichzeitig ermöglicht die deutsche Überflussgesellschaft vielen Arbeitnehmern den bewussten **Verzicht auf eine berufliche Karriere**. Trotz der dadurch ausbleibenden Gehaltssteigerungen und Boni lässt es sich für Viele gut leben. Dort, wo in früheren Zeiten aufgrund der damit einhergehenden Zusatzeinnahmen Beförderungen und Karrieren angestrebt wurden, entscheiden sich heute viele hochqualifizierte Arbeitnehmer bewusst für einen anderen Weg. Dies jedoch bedeutet auch, dass viele gut qualifizierte, kompetente Arbeitnehmer auch in höherem Alter keine Führungsverantwortung tragen.

Aufgrund von demographischem Wandel und bewusstem Verzicht auf Karriere kommt es in vielen Unternehmen dazu, dass junge Mitarbeitende schon kurz nach Abschluss ihres Studiums in Führungspositionen kommen und dass zunehmend jüngere Vorgesetzte ältere, erfahrenere Mitarbeitende führen. Ein derartiges Führungsverhältnis muss nicht negativ sein, weist jedoch speziell für Sie als junge Führungskraft einige herausfordernde Aspekte auf:

- Unter Umständen bereitet es älteren Mitarbeitenden Probleme, den Anweisungen einer deutlich jüngeren Person Folge zu leisten.
- Ihre Führungsverantwortung beruht nicht auf einem Vorsprung an Berufserfahrung und Expertenwissen; hier haben Sie im Vergleich zu Ihren Mitarbeitenden sogar Defizite.
- Als junge Führungskraft weisen Sie im Vergleich zu den von Ihnen Geführten nicht nur Schwächen in fachlicher Hinsicht, sondern auch möglicherweise in den Bereichen Lebenserfahrung und Menschenkenntnis auf.

Genau an dieser Stelle setzt das vorliegende Buch an. Ihnen als junge Führungskraft werden Werkzeuge an die Hand gegeben, mit denen es Ihnen einerseits gelingt, Ihre Führungsaufgabe von Anfang an erfolgreich zu gestalten, und andererseits sich selbst gezielt weiterzuentwickeln.

Dazu gliedert sich dieses Buch in sieben größere Einheiten:

[1] Das erste Kapitel umfasst die Bedeutung von guter sowie die möglichen Folgen schlechter Führung. Es verdeutlich den Wert einer jeden Führungskraft für einen einzelnen Mitarbeitenden, ein Team und für das gesamte Unternehmen.

[2] Kapitel zwei setzt bei Ihnen persönlich an. Es bezieht sich auf Ihre Intentionen, Ihre persönliche Zielsetzung und Ihre Vorstellung für die Zukunft – als Teil eines Unternehmens sowie in Ihrer Position als Führungskraft in diesem.

[3] Das dritte Kapitel umfasst den Themenbereich der Verhaltensanalyse. Sie erfahren, wie Sie mittels des DISG-Modells Ihre Mitarbeitenden, aber auch Kunden, Geschäftspartner und Konkurrenten anhand ihres Verhaltens richtig einschätzen.

[4] Im vierten Kapitel lernen Sie die Elemente der lösungsfokussierten Führung kennen. Sie erfahren anhand praktischer Beispiele die vielfältigen Einsatzmöglichkeiten und Möglichkeiten der situationsbedingten Differenzierung im beruflichen und privaten Alltag. Wissen und Fähigkeiten, die Ihnen die Arbeit als Führungskraft erleichtern und Ihre Mitarbeitenden enger an Sie binden.

[5] Kapitel fünf behandelt unterschiedliche Führungsstile und Aspekte von Autorität. Sie erhalten die Möglichkeit, das eigene Führungsverhalten weiter im Detail zu reflektieren und für zukünftige Herangehensweisen entsprechend anzupassen. Vor- und Nachteile der jeweiligen Verhaltensweisen geben Ihnen einen guten Überblick für die persönliche Wahl.

[6] Das sechste Kapitel umfasst eine Variation unterschiedlicher Besonderheiten eine Führungskraft betreffend. Themenbereiche, welche einen entscheidenden Einfluss auf Sie als Privatperson und Führungskraft im Unternehmen haben. Eine private Betrachtungsweise, die als Gegenstück zur direkten Anwendung von Methoden im beruflichen Umfeld anzusehen ist.

[7] Typische Fehler junger Führungskräfte werden im siebten Kapitel behandelt. Eine Übersicht klassischer Verhaltensweisen und potenzieller Gefahren, die Sie stets beachten sollten.

Besonderheit dieses Buches

Die spezifische Besonderheit dieses Buches ist einfach und kompliziert zugleich – ein Buch im Buch. Drei Kapitel dieses Buches haben an ihrem jeweiligen Schluss einen Abschnitt, welcher sich in jeder Weise vom restlichen Buch unterscheidet. Sei es ein Kapitel von kleinem oder von größerem Umfang – die Essenz lässt sich zumeist in wenigen Worten formulieren. Eine Zusammenfassung, welche klar im Gedanken und doch verwirrend zugleich ist. Inhalte, denen Sie im ersten Moment des Sehens zustimmen oder die für Sie als Rätsel erscheinen.

Die Verwirrung symbolisiert den heutigen Tag. Einen Augenblick, der für den Anfang Ihrer persönlichen Entwicklung zur Führungskraft darstellt.

Die Essenz weniger Worte ist der Zustand langer Erfahrung, über Jahre begleitender Gegebenheiten und prägender Situationen. All jene, welche Sie als Person und Führungskraft verändert haben. Lehrreiche Augenblicke, für gewöhnlich nicht einfach gegeben.

Blicken Sie im Lauf der Jahre zu jenen Abschnitten, den für Sie heute verwirrenden Sätzen – einer Aneinanderreihung von Wörtern und den Gedanken dahinter. Seien Sie gespannt auf Ihre zukünftige Sichtweise und Wahrnehmung eines heute wirkenden Rätsels.

Es grüßt Sie herzlich

Ihr Autor

Die Führungskraft – der Wert von Führung

Die Führungskraft

> Eine Führungskraft ist nicht wertend in ihrer Art, sie zeigt sich nicht nachtragend im Verlauf der Zusammenarbeit, nicht launisch und nicht von der eigenen subjektiven Stimmung geleitet. Besonnen in ihrer Person, bleibt auch in stressigen und belastenden Momenten ruhig und ist mit Rat und Tat zur Stelle. Bedacht in ihrer Wortwahl hat sie ein offenes Ohr für die Sorgen und Probleme ihrer Mitarbeitenden – ist empathisch, mitfühlend und geht potenzielle Herausforderungen proaktiv an. Neutral in der Entscheidungsfindung und nicht herablassend im Umgang.

In der Führung geht es nicht um das Delegieren von Aufgaben, das Repräsentieren eines Teams oder darum, die letzte Instanz für Entscheidungen zu sein. Eine Führungskraft zu sein, Verantwortung zu tragen und Mitarbeitende zu führen ist keine einfache Aufgabe. Sie vermag in ihrer Struktur überschaubar wirken, doch birgt sie eine Vielzahl von Besonderheiten, spezifischen Eigenheiten und Herausforderungen mit sich, welche erst in ihrer Gesamtheit die vollumfängliche Komplexität offenbaren.

Ein Team oder eine ganze Abteilung stellen im Kontext eines Unternehmens einen gewissen Mikroorganismus dar – eine in sich geschlossene Organisationsstruktur mit eigenen Aufgaben und Zielen. Ähnlich verhält es sich in Bezug auf eine Führungskraft. Bildlich dargestellt ist die Führungskraft von Mitarbeiterinnen und Mitarbeitern umgeben – alle beteiligten Personen stehen in einer Abhängigkeitsbeziehung zueinander. Diese fachliche, disziplinäre und soziale Interdependenz stellt einen der primären Aspekte für eine Führungskraft dar – hierdurch wird das Sein einer Führungskraft interessant, aber auch entsprechend komplex.

Die spezifische Eigenheit der Führungskraft ist, dass sie als individuelle Person einen verhältnismäßig hohen Einfluss auf die Geschehnisse innerhalb einer Organisation hat. Doch sind es nicht nur die sozialbezogenen Faktoren, welche an dieser Stelle zu betrachten sind. Zu bedenken sind auch betriebswirtschaftliche Auswirkungen auf Grund unzureichend kompetenter Führungskräfte.

Aus diesem Effekt resultierend vermögen Führungskräfte darüber hinaus einen großen Einfluss auf betriebswirtschaftliche Aspekte zu nehmen, beispielsweise auf die Personalfluktuation, die öffentliche Beliebtheit in der Gesellschaft, die individuelle Kreativität und Innovation der Mitarbeitenden, die Fehltage aufgrund von Krankheit, den Arbeitseinsatz, die emotionale Bindung zur Organisation und viele Weitere.

Jene Thematik, über die wir uns nur selten Gedanken machen. Geht es Ihnen dabei nicht ähnlich? War eine Führungskraft, in einer vereinfachten Vorstellung, für Sie eine Person, die eine solche signifikante Verantwortung, sei es einigen wenigen oder vielen Mitarbeitenden, gegenüber hatte? Hatten Sie möglicherweise eine unterschiedliche Betrachtungsweise, wenn Sie an ein kleines Team oder eine große Abteilung dachten? Seien Sie unbesorgt, damit sind Sie nicht allein – die Wenigsten von uns denken soweit oder sehen im Sein einer Führungskraft eine solche Bedeutung.

Der Einfluss einer Führungskraft auf betriebswirtschaftliche Aspekte ist ein sehr bedeutender Gedanke, eine wichtige These, eine nicht zu unterschätzende Erkenntnis, welche Sie auf Ihren weiteren Schritten mitnehmen sollten.

Ihr individueller Platz

Sie sind jung, dynamisch, motiviert und voller Tatendrang, Ihren persönlichen Beitrag zu leisten – Ihren individuellen Fingerabdruck zu hinterlassen, dem großen Ganzen Ihre persönliche Note zu verleihen. Die veralteten Strukturen zu lösen, neue Ideen einzubringen und Ihr Team zum Erfolg zu führen! Sei es der öffentliche Dienst oder die freie Marktwirtschaft – an einem jeden Ort gibt es noch Platz für die nächste Generation der Führungskräfte. Aufgewachsen im modernen Zeitalter, eine Welt voller Ideen und Möglichkeiten – kreativ und innovativ zugleich.

Ein schöner und verlockender Gedanke, nicht wahr? Wäre auch an dieser Stelle nicht das Wörtchen „aber". All jene Ansätze, Gedankengänge, Veränderungsmöglichkeiten, Optimierungsvorschläge und viele weitere Aspekte bedürfen des Faktors Mensch. Vom Vorstand zum Praktikanten, sie alle leisten ihren Beitrag und tragen zum übergreifenden Erfolg des Unternehmens oder des Referats bei.

Es sind nicht die modern eingerichteten Arbeitsplätze, die auf Effizienz angepasste Beleuchtung oder der ideal klimatisierte Raum. Sie können sehr viele Faktoren positiv beeinflussen und auf diese verhältnismäßig einfach und schnell Einfluss nehmen. Geld in die Hand zu nehmen und etwas zu kaufen ist nicht kompliziert – über den Erfolg oder das Scheitern eines Unterfangens entscheiden Ihre Kolleginnen und Kollegen sowie die eigenen Vorgesetzten.

Kostbarstes Gut – Das Kollegium, eine jede Mitarbeiterin und ein jeder Mitarbeiter ist stets das kostbarste Gut eines Unternehmens, eines Referats oder einfach einer Organisation. Je größer eine Organisation ist, umso komplexer sind die inneren Strukturen und entsprechend herausfordernder für Sie, darin zurechtzukommen, jedoch vor allem, Einfluss nehmen zu können. Genau an dieser Stelle wird es nämlich kompliziert, oder anders ausgedrückt, umso reizvoller, die eigenen Ziele zu erreichen und erfolgreich zu sein. Wollen Sie ein Rädchen im System sein und einfach folgen – etwa nach dem Motto „Wir haben es schon immer so getan"? Oder streben Sie danach, Innovationen voranzutreiben, allgemeinen Einfluss auf Entwicklungen zu nehmen, Entscheidungen zu treffen und dem großen Ganzen Ihre persönliche und individuelle Note zu verpassen? Ist es möglicherweise die Verlockung des Geldes, der projektbezogenen zusätzlichen Entlohnung oder einfach die Anerkennung durch Ihre Position, der Ruhm und das Lob, welches Sie antreibt? Wahrscheinlich eine Kombination aller Aspekte, vereint in der grundlegenden Macht – ein äußerst verlockendes Ziel, oder? Unsere Ziele sind in ihrer Natur so vielfältig, wie wir in unserer Persönlichkeit individuell sind. Wir haben unterschiedliche Intentionen, Visionen und Antriebe – all jene, welche im Lauf der Jahre eine Entwicklung durchleben und sich verändern können, es zumeist auch tun.

Eigene Person – Wichtig für Sie ist, sich nicht in den persönlichen Zielen selbst zu verlieren. Behalten Sie auf Ihrem Weg stets das große Ganze vor Augen. Ihre Ziele sind verständlicherweise für Sie das Wichtigste, sie stellen unter anderem wahrscheinlich auch den Grund für das Lesen dieses Buches dar. Doch ist die an Sie übergebene Verantwortung, verbunden mit einer gewissen Erwartungshaltung jeder Person aus Ihrem Team sowie der Ihres Vorgesetzten, ein aus der sozialen sowie betriebswirtschaftlichen Sicht auf keinen Fall zu vernachlässigter Bestandteil.

Gewissen – Moral und Gewissen sind Wörter mit einer sehr starken Wirkung. Ein Einfluss, den wir von Innen verspüren und der sich bei Menschen auf sehr unterschiedliche Art und Weise zu zeigen vermag. Für die Einen ist das Gewissen, sozialbezogene Normen und Richtwerte von signifikanter Bedeutung – Rahmenbedingungen, die stets gewahrt und befolgt werden. Doch ist es möglich, ehrlich und gewissenhaft zu handeln und dabei trotzdem erfolgreich zu sein? Sich gegenüber seinen Konkurrenten durchzusetzen und die Kunden von der eigenen Person oder dem eigenen Produkt vollumfänglich zu überzeugen?

Nein, ich bin nicht der Meinung, dass Sie ein Arschloch sein müssen, um Ihre Ziele zu erreichen. Ja, es kann und wird aller Wahrscheinlichkeit nach vorkommen, dass Sie Entscheidungen treffen und Handlungen vornehmen müssen, die nicht von Allen gut geheißen werden. Eine Bürde, der Sie sich bewusst sein müssen, aber vor allem auch zu stellen haben.

> Bereits in meinem letzten Werk schrieb ich: „Ehrlichkeit währt am Längsten" – eine These, welche ich auch heute vertrete und Ihnen gleich zu Beginn dieses Buches mitgeben möchte. Hinterhältigkeit, Verlogenheit, Betrug und all jene Verhaltensweisen sowie charakterliche Züge, die Ihnen noch einfallen könn-

ten, sollten kein Bestandteil Ihres Verhaltens, Ihrer allgemeinen Persönlichkeit sein. Ich möchte nicht zu tief an dieser Stelle darauf eingehen, ich habe diesem Thema auf Grund seiner essentiellen Bedeutung ein eigenes Kapitel im Verlauf dieses Buchs gewidmet.

Die Position einer Führungskraft beinhaltet diverse Aufgabenbereiche – manche einfach zu erkennen, andere erst auf den zweiten Blick wahrzunehmen, jedoch mit einer umso ausschlaggebenderen Bedeutung. Lassen Sie uns die Thematik „Folgen schlechter Führung" im Detail anschauen. Aus welchem Grund dieser eine solche Gewichtung gewidmet ist und was es speziell mit Ihnen, Ihrem zukünftigen Verhalten und der einhergehenden Verantwortung, zu tun hat.

> „Jeden Befehl hinsichtlich seines Nutzens und Schadens bedenken."
>
> *Leo Nikolajewitsch Graf Tolstoi*

Junge Führungskräfte

Als junge angehende Führungskraft oder bereits im Berufsleben stehende Fachkraft mit personeller Verantwortung haben Sie die üblichen, mit Ihrer Position einhergehenden Herausforderungen zu bewältigen und darüber hinaus jene Ihr Alter betreffend. Das heutige Zeitalter ist geprägt von vielen innovationsbedingten Neuheiten, aber auch soziokulturellen Entwicklungen. Parallel verlaufend leben wir in einem Informationszeitalter, in globaler Vernetzung und des stetig steigenden Anspruchs an eine jede im Berufsleben stehende Person.

In den vergangenen zwei Jahrzehnten erlebten klassische Methoden der Aufgabenbewältigung und gewohnte Normen im volkswirtschaftlichen Kontext eine signifikante Veränderung und mussten in Teilen oder sogar im Ganzen immer weiter den Innovationen weichen. Universitäten und Hochschulen führen im Semestertakt neuartige Fachrichtungen und Spezialisierungen ein – differenziert von den bekannten und wiederum eine Symbiose aus denen der vergangenen Jahre. Klassische Modelle werden im herkömmlichen Sinne immer seltener angeboten, es geht um die Entwicklung der Gesellschaft, der Marktwirtschaft sowie den geänderten Bedürfnissen der Kunden; damit einhergehend auch um die Weiterentwicklung und stetige Anpassung von gelehrten wissenschaftlichen Inhalten. Diese in der jüngeren Vergangenheit aufgetretenen Veränderungen führen auch zu einem Wandel in der uns bekannten Organisation eines Unternehmens oder eines Referates, ein Wandel, welcher in den meisten Organisationen heutzutage bereits stattgefunden hat oder schrittweise vorzufinden ist.

Eine dieser Entwicklungen ist, dass Spezialisten einzelner Fachbereiche bereits in verhältnismäßig jungem Alter die Möglichkeit erhalten, ein Team oder eine Abteilung zu führen. In Fachzeitschriften und Zeitungen sind vermehrt Artikel zu finden, die die aktuellen Änderungen in der typischen unternehmensbezogenen Organisation behandeln und von einem einschlägigen Wandel sprechen. Geführt von Kreativität und Innovation wird jungen

Spezialisten ermöglicht, die gegebenen Strukturen und Herangehensweisen zu analysieren, zu optimieren und zu verändern.

Sich mit einer effektiven und effizienten Organisation den Herausforderungen des 21. Jahrhunderts zu stellen und das eigene Unternehmen weiter konkurrenzfähig und für die eigenen Kunden entsprechend attraktiv zu halten – ein von außen betrachtet sehr guter Gedanken und ein Weg, der früher oder später empfehlenswert und nicht zu spät anzuvisieren ist. Die damit einhergehende Problemstellung, die im primären Sinne Sie betrifft, ist, dass keine gewünschte Änderung frei von Hindernissen und auftretender Ablehnung seitens der Mitarbeitenden vonstattengeht.

„Er könnte mein Sohn sein."

Diese Aussage verdeutlicht sehr gut eines der primären, Ihre Person betreffenden Hindernisse. Im beruflichen Kontext stellt die altersbezogene Differenz eine oftmals unüberwindbar wirkende Hürde dar, vor allem, wenn eine jüngere Person älteren Mitarbeitenden als Führungskraft übergeordnet ist und fachliche und personelle Entscheidungen verantwortet. Die klassische Rollenverteilung, in der ältere und berufserfahrene Mitarbeitende jüngere Kräfte einlernen und durch den Arbeitstag führen, ist ein Muster, das sich in der Vergangenheit fest etabliert hat und dessen Ursprung in der familiären Konstellation zu finden ist.

Sie als junge Führungskraft sind mit der Herausforderung konfrontiert, alle sich Ihnen im Weg befindenden Hindernisse und Hürden zu bewältigen und dabei Ihre persönlichen Belange sowie den betriebswirtschaftlichen Rahmen nicht aus dem Blick zu verlieren. Verständlicherweise keine einfache Aufgabe, die Fingerspitzengefühl und ein gewisses Maß an Hingabe zur fachlichen Tätigkeit und der zwischenmenschlichen Arbeit erfordert – doch ebenfalls keine unüberwindbare Aufgabe. Gehen Sie mit diesem Bewusstsein an Ihre anstehenden Aufgaben als zukünftige Führungskraft und nutzen Sie die in diesem Buch vorgestellten Führungsmethoden. Die folgenden Modelle und Methoden werden Ihnen, über die reguläre Führung hinaus, eine wertvolle Hilfestellungen geben und Ihre Arbeit effektiver und effizienter gestalten. Leiten Sie die jeweiligen Inhalte auf Ihren individuellen Arbeitsrahmen ab und denken Sie bereits während des Lesens und Erprobens der neuen Inhalte, wie Sie diese persönlich im beruflichen und privaten Umfeld anwenden können.

Altersbezogene Herausforderungen – Möglicherweise sind Sie in der Vergangenheit bereits mit Herausforderungen konfrontiert gewesen, welche Ihr Alter betroffen haben. Welche Schwierigkeiten sind dabei aufgetreten, welche Hürden hatten Sie zu bewältigen? Sofern Sie selbst noch nicht direkt damit konfrontiert waren – können Sie sich potenzielle Problemfelder vorstellen? Welche Gründe haben Sie beispielsweise dazu bewegt, dieses Buch zu erwerben? Machen Sie sich hierzu an dieser Stelle einige Gedanken.

Ich habe Ihnen für diese Gedankengänge einige Zeilen vorbereitet. Machen Sie sich Notizen zu der obigen Fragestellung – es müssen zum aktuellen Zeitpunkt keine komplexen Formulierungen sein, gerne kurze Beschreibungen oder einzelne Stichpunkte.

Persönliche Folgen schlechter Führung

71 Prozent der deutschen Mitarbeiterinnen und Mitarbeiter machen nur Dienst nach Vorschrift – sie fühlen keine oder kaum eine emotionale Bindung zum Unternehmen. Zu diesen, meiner persönlichen Meinung nach erschreckenden Ergebnissen ist das Marktforschungsunternehmen Gallup gekommen. Seit 2001 werden jährlich Studien zur emotionalen Bindung von Mitarbeitenden an ihre Arbeitgeber im Gallup Engagement Index veröffentlicht.

> Von primärer Bedeutung für Sie an dieser Stelle ist, dass die entsprechenden Führungskräfte einen sehr großen Beitrag zu dieser Einstellung der Mitarbeitenden zu verantworten haben. Sie bewirken und verstärken diese Einstellung im Verlauf des Arbeitsverhältnisses.

Ein Teamleiter, eine Gebietsleiterin oder eine Abteilungsleiterin sind an sich betrachtet nur einzelne Personen in einer großen Organisation. Sie haben individuelle Aufgabenbereiche und darüber hinaus personelle Verantwortung. Sie begutachten Ergebnisse, beantworten Fragen und verantworten Entscheidungen. Aus dieser Perspektive beschrieben und betrachtet würden wir nicht direkt annehmen, dass vorgesetzte Mitarbeitende einen solchen, im schlimmsten Fall negativen Einfluss auf eine Organisation und einzelne Personen aus dem Kollegium haben können.

Verantwortung – Bevor wir uns Ihnen als zukünftige Führungskraft widmen, Ihre individuellen Stärken und Schwächen anschauen und ich Ihnen verschiedene Methoden für die Führung von Mitarbeitenden an die Hand gebe, ist mir eine andere Sache wichtig. Das Positive vor Augen zu haben, gerade wenn es einen selbst betrifft und wir uns unsere Zukunft entsprechend „rosig" ausmalen können, ist stets schön und verlockend zugleich: Der Aufstieg auf der Karriereleiter, der Sprung von Unternehmen zu Unternehmen, verbunden mit den meist einhergehenden Erhöhungen der eigenen Position, des Renommees und vor allem des Gehaltes.

Doch denken Sie auch an die Kehrseite Ihrer Verantwortung, haben Sie sich jemals darüber Gedanken oder sogar Sorgen gemacht? Die potenziell möglichen Folgen, die mit Ihrer aktuellen Stellung, der anstehenden Beförderung oder der von Ihnen angestrebten Position einhergehen? Allgemein ausgedrückt: Was sind die Folgen schlechter Führung? Einerseits bezogen auf Ihre Mitarbeiterinnen und Mitarbeiter, auf der anderen Seite aber auch übergreifend auf das Referat oder das Unternehmen?

Emotionale Frage, neutrale & rationale Antwort – Eine für Viele üblicherweise neue Fragestellung, ein Hinterfragen, bei welchem wir uns kritisch betrachten und die eigene Handlung differenziert in der eigenen Wahrnehmung und vor allem neutral hinterfragen müssen. Diese Fragestellung habe ich Ihnen in zwei Bereiche unterteilt, die in sich geschlossenen Gedankengänge sind, aber eine enge Bindung zueinander besitzen. Betrachten Sie die folgende Unterteilung; eine direkte Beschreibung der Aufgabenstellung an Sie, folgt im unteren Verlauf.

Wenn Sie an „schlechte Führung" denken: Welche grundlegenden und allgemeinen Aspekte fallen Ihnen an dieser Stelle direkt ein? Waren Sie in der Vergangenheit möglicherweise bereits mit schlechter / ineffizienter / inkompetenter Führung konfrontiert? Was konnten Sie aus dieser individuellen Erfahrung für sich persönlich mitnehmen? An was können Sie sich gleich im ersten Moment erinnern, was bringen inkompetente Führungskräfte Negatives mit sich?

Die alleinige Aussage über Führung ist leicht getroffen, die schuldige Person schnell gefunden. Reflektieren Sie über die erste Fragestellung hinaus, wie die im Vorfeld gesammelten negativen Aspekte sich auf einzelne Menschen, Teams, Organisationen oder Unternehmen auswirken. Wie genau interagieren die Führungskräfte und jene Teilbereiche (Mitarbeitende, Teams etc.), sodass daraus ungewollte Folgen resultieren – wo genau ist die gegenseitige Verbindung?

Ich habe Ihnen an dieser und weiteren Stellen dieses Buches einige Zeilen vorbereitet. Nehmen Sie einen Stift zur Hand und schreiben Sie Ihre Ergebnisse auf. Ja, ich weiß, Sie können es auch im Kopf und müssen nichts aufschreiben – so habe ich früher ebenfalls gedacht und ertappe mich noch heute immer wieder dabei. Schreiben kostet Sie nur etwas mehr Zeit, ist im Resultat jedoch für Sie effektiver und effizienter. Beginnen Sie bereits an dieser Stelle damit.

Setzen Sie sich bereits während des Lesens mit einem neuen Thema, einer These oder einer Fragestellung auseinander – beim individuellen Nachdenken, wenn Sie sich kurz zurücklehnen, der Formulierung Ihrer Ergebnisse und Gedanken in diesem Buch oder in einer anderen Form, digital oder auf einem Blatt Papier.

Nehmen Sie sich nun einige Minuten Zeit und befüllen Sie die folgenden Zeilen mit Ihren Gedanken zu den beiden oberen Fragestellungen:

Die Frage ist in der Beantwortung nicht einfach – sie vermag einfach erscheinen, ist in ihrer Natur jedoch komplexer. Führungskräfte sind entscheidende Faktoren in einer Organisation und tragen einen großen Anteil zu möglichen Problemen bei – müssen hierfür selbstverständlich nicht in jedem Fall die alleinige Verantwortung tragen. Oftmals ist es stets ein Zusammenspiel diverser Einflussfaktoren, die miteinander agieren und negative Auswirkungen zur Folge haben. Seien Sie in Ihren Gedankengängen fortwährend kritisch und hinterfragen Sie eine jede Idee, einen jeden neuen oder bereits bekannten Ansatz.

Bedeutung guter Führung

Es ist verhältnismäßig einfach festzustellen, was uns nicht gefällt. Das Negative fällt eher auf und wir behalten es leichter in Erinnerung. Negatives zu kritisieren ist generell einfacher als Positives zu gestalten. Aus positiver Sicht, aber auch negativ behaftet – beispielsweise beim Nachtragen von Verhalten, bei negativen Aussagen oder bei durch Dritte erzählte Sachverhalte. Verhaltensweisen, die allen Mitarbeitern und Mitarbeiterinnen nur zu gut bekannt sind und für gewöhnlich in der Vergangenheit auch schon selbst ausgeführt wurden. Das subjektive Empfinden oder im Allgemeinen die persönliche Wahrnehmung sind trügerischer Natur und verleiten Menschen zu voreiligen Schlüssen und dem daraus resultierenden übergreifenden Verhalten oder einzelnen Taten.

Eigene Definition – Sie haben es sich wahrscheinlich bereits gedacht: ich habe an dieser Stelle eine kurze Frage an Sie. Können Sie gute Führung definieren? Kurz und prägnant formulieren? Im beruflichen Kontext darstellen und mit guten Beispielen unterlegen?

Ich bin mir sicher, dass es kein einfaches Unterfangen ist. Doch umso bedeutender ist es für Sie, sich damit auseinanderzusetzen. Ich habe Ihnen wie in der vorangegangenen Aufgabe einige Zeilen vorbereitet – bitte denken Sie intensiv über die obige Fragestellung nach und formulieren Sie Ihre jeweiligen Gedanken. Bemühen Sie sich um eine detaillierte Ausführung mit passenden Beispielen und dem zugehörigen Kontext.

Definitionen unserer Schwerpunkte – Einige Seiten dieses Buches liegen bereits hinter Ihnen und Sie hatten Gelegenheit, sich mit dem Thema „Führung" zu beschäftigen. Doch stellt sich mir eine Frage – definieren Sie Führung genauso wie ich, ähnlich wie viele andere Personen, oder unterscheiden sich zum aktuellen Moment unsere Ansichten? Ich habe Ihnen einige Definitionen herausgesucht und bin davon überzeugt, dass diese Ihnen meine Ansicht des Themenbereiches näherbringt und wir einen gemeinsamen Ausgangspunkt für die darauffolgenden Inhalte haben. Die Definitionen sind aus verschiedenen Perspektiven gewählt, bilden jedoch in kurzer Form das Gesamtbild einer Führungskraft ab.

Führungskraft

Personen mit Personal- und Sachverantwortung. Können aufgrund ihrer Stellung in der Hierarchie Einfluss auf operative Leistungserstellungsprozesse (Performanz-Management) und auf die strategische Unternehmensentwicklung nehmen.

Prof. Dr. Thomas Bartscher

Führung

Durch Interaktion vermittelte Ausrichtung des Handelns von Individuen und Gruppen auf die Verwirklichung vorgegebener Ziele; beinhaltet asymmetrische soziale Beziehungen der Über- und Unterordnung.

Prof. Dr. Thomas Bartscher

Autorität

Bezeichnung für die Möglichkeiten einer Person, Gruppe oder Institution, Einfluss auf andere Personen auszuüben und ggf. den eigenen Willen gegenüber diesen durchzusetzen, wodurch sich ein Verhältnis der Über- und Unterordnung konstituiert. Mit Autorität verbinden sich Herrschaftsansprüche, die unterschiedlich begründet sind.

unbekannter Autor, Gabler Wirtschaftslexikon

Leitender Angestellter

Mit der Wahrnehmung von Arbeitgeberfunktionen betrauter Arbeitnehmer. Der leitende Angestellte ist zwar echter Arbeitnehmer; aufgrund seiner herausgehobenen Stellung besitzt er aber in einigen Bereichen eine besondere Rechtsstellung.

RA Dr. Joachim Wichert

Assoziationen – Das Aufzählen positiver Effekte ist sicherlich eine gute Ausgangsbasis, um Ihnen bewusst zu machen, weshalb Sie als Führungskraft Ihre Arbeit bewusst beschreiten und sich über die angestrebten Resultate im Bilde sein sollten. Doch bin ich ebenfalls ein großer Freund von prägnanten Bildern, die wir wiederum nur schwer aus unseren Gedanken verdrängt können. Leider sind negative Assoziationen für die meisten Personen in der bildlichen Vorstellung dominierender und stärker – vor allem unter Berücksichtigung der Tatsache, dass es nicht die eigene Person oder einen nahestehenden Menschen betrifft. Ja, es ist ein ungewöhnlicher Weg, doch lassen Sie uns diesen gemeinsam bestreiten.

Den hohen Stellenwert guter Führung stellen die ausgewählten Studien im Folgenden sehr anschaulich und detailliert dar. Es ist nicht mein Ziel, Ihnen eine wissenschaftliche Abhandlung zu präsentieren und die Inhalte der selektierten Studien im Detail auszuformulieren. Betrachten Sie die jeweiligen Ergebnisse und reflektieren Sie die formulierten Forschungsaspekte mit Ihrem persönlichen und sehr individuellen Bild der Führung, ihrer Bedeutung sowie dem ihr zugeordneten Stellenwert in einem Unternehmen oder einem Referat.

Zumeist sind diese beiden Facetten leider nicht synchron. Die Gründe hierfür kurz beiseite gelassen, blicken Sie auf die Ergebnisse und machen Sie sich einige Gedanken dazu.

Weitere Folgen schlechter Führung

Gallup, Engagement Index – Das renommierte Marktforschungsunternehmen Gallup veröffentlicht im Engagement Index einmal im Jahr eine Studie zur Bindung und Motivation von Mitarbeitenden sowie deren Verhältnis zu direkten Vorgesetzten und dem Unternehmen im Allgemeinen.

Volkswirtschaftlicher Schaden – Das erschreckende Ergebnis der im Jahr 2017 vorliegenden Studie ist, dass unzufriedene Arbeitnehmer einen volkswirtschaftlichen Schaden in Höhe von 105 Milliarden Euro verursachen. 70 Prozent der Mitarbeiterinnen und Mitarbeiter haben nur eine geringe bis gar nicht vorhandene Bindung zum Unternehmen. Das Resultat hieraus ist eine mangelnde Einsatzbereitschaft und die schlichte Erfüllung von Dienst nach Vorschrift. Nur 15 Prozent der Belegschaft verspüren eine emotionale Verbundenheit, welche zu größerem Arbeitseinsatz und Engagement führt. An Hand dieser Ergebnisse ist festzustellen, dass die Bindung und Motivation von Mitarbeitenden sowie deren individuelles Verhältnis zu direkten Vorgesetzten sich entscheidend auf die Produktivität eines Unternehmens auswirkt. Der Studienverantwortliche bei Gallup, Marko Nink, sagte: „Arbeitnehmer, die sich emotional nicht an ihren Arbeitgeber gebunden fühlen, zeigen weniger Eigeninitiative, Leistungsbereitschaft und Verantwortungsbewusstsein – und sie schweigen zudem häufiger zu Fehlentwicklungen." Beinahe ein Fünftel der Belegschaft (18 Prozent) hat in den vergangenen zwölf Monaten an eine Kündigung gedacht – Grund hierfür seien die direkten Vorgesetzten.

Fremd- und Eigenwahrnehmung – Ein weiteres sehr interessantes Ergebnis der Studie, die seit dem Jahr 2001 durchgeführt wird, ist das Auseinanderfallen von Fremd- und Eigenwahrnehmung. 69 Prozent der Mitarbeitenden hatten im Lauf ihres beruflichen Werdegangs mindestens eine schlechte Führungskraft. Auf der anderen Seite vertreten 97 Prozent der Vorgesetzten die Meinung, dass sie eine gute Führungskraft sind.

Mangelnde persönliche Eignung – Wissenschaftlichen Erkenntnissen folgend ist festzuhalten, dass verschiedenen weiteren Studien von Gallup zufolge nur ein geringer Teil der Menschen für eine Führungsposition geeignet ist. Der häufigste Grund für eine Beförderung auf eine Position mit Verantwortung gegenüber Mitarbeitenden sind individuelle Fachkompetenzen und branchenspezifische oder fachspezifische Erfahrungen.

Ein weiterer Aspekt der Studien ist – Marco Nink zufolge – die nicht vorhandene oder nur mangelnde emotionale Bindung von

Mitarbeiterinnen und Mitarbeitern in Bezug auf die Fluktuation – unter Berücksichtigung des bestehenden Fachkräftemangels für Unternehmen ein nicht zu unterschätzendes Problem.

Universität Kopenhagen, Journal of Business Ethics – Eine Studie der Universität von Kopenhagen führte zu dem Ergebnis, dass mangelnde Förderung der Mitarbeitenden, fehlerhafte Verteilung von Arbeit und das Aussitzen von Konflikten seitens der Vorgesetzten zu Mobbing in Unternehmen führen. Die aus inkompetenter Führung resultierende schlechte Stimmung innerhalb der Organisation führt laut den dänischen Forschern zu Schikane im Team.[1]

Mobbing – Nicht vorhandene Führung seitens der Vorgesetzten hatte laut den Studien zur Folge, dass sich die innerbetriebliche Stimmung verschlechterte und zu einem mangelnden Teamgefühl führte. Hieraus folgte Schikane und Mobbing unter den Mitarbeitenden.

Eine kurze Zusammenfassung der Studienergebnisse seitens der Forschenden: „Das Risiko von Schikane am Arbeitsplatz ist in solchen Firmen groß, in denen der Chef unfähig ist, für Entwicklungsmöglichkeiten zu sorgen, Arbeitszufriedenheit zu fördern, die Arbeit zu organisieren und Konflikte zu lösen."

Verantwortung – Eine jede Führungskraft ist in der Verantwortung unermüdlich daran zu arbeiten, eigene soziale Kompetenz hinsichtlich der Führung von Mitarbeitenden zu verbessern. Darüber hinaus sollten nicht nur Führungskräfte bei der Kompetenzentwicklung durch Trainings oder Coachings unterstützt werden, sondern auch die Mitarbeitenden darin gefördert werden, über ihre persönlichen Empfindungen zu sprechen und negative Entwicklungen zielgerichtet zu thematisieren. Erst die Zusammenarbeit von Vorgesetzten und dem Kollegium gewährleistet eine effektive und effiziente Arbeitsweise im Auftrag des Unternehmens und fördert eine positive zwischenmenschliche Atmosphäre.

---

[1] Quality of Leadership and Workplace Bullying: The Mediating Role of Social Community at Work in a Two-Year Follow-Up Study [Abstract]. Journal of Business Ethics, Online First Articles.

Qualifizierte Führung – Mangelerscheinung

Betrachtet man die aufgeführten Studien und deren Ergebnisse, gelangt man sehr schnell zu der Erkenntnis, welche signifikante Bedeutung eine gute personelle Führung hat. Leider ist festzustellen, dass der qualifizierten Führung ein zu geringer Stellenwert zugeordnet wird. Nun stellt sich verständlicherweise die Frage nach dem „weshalb"? Schwarz auf weiß sind die negativen Auswirkungen in Studien renommierter Institute aufgezeigt und jedes Jahr aufs Neue dargelegt. Vermeintlich einfache und klare Verhaltensweisen und Muster, die zu ändern wären – leicht in der Wahrnehmung sowie Umsetzung und viele Personen betreffend; kleine Änderungen mit großer positiver Wirkung. Wie ist nun zu verargumentieren, dass keine Änderungen vorgenommen werden, dass kein kultureller Wandel der Personalführung stattfindet und die verantwortlichen Personen keine Neuerungen angehen?

Hierfür gibt es verschiedene Gründe. Ich habe einige prägnante Beispiele aus meiner beruflichen Erfahrung als Trainer und Berater ausgewählt und Ihnen zusammenstellt. Für mich ist es von großer Bedeutung, Sie auf Ihrem individuellen Weg zur erfolgreichen Führungskraft zu unterstützen. Meiner Ansicht nach ist es jedoch von signifikanter Bedeutung, die Grenzen unserer Möglichkeiten zu erkennen und im Detail zu verstehen. Auf der einen Seite zeigt es Ihnen den Wert guter Führung auf und motiviert Sie auf Ihrem zukünftigen Weg, auf der anderen Seite lernen Sie zu verstehen, wo Ihnen Grenzen gesetzt sind. Es erscheint im ersten Moment für Sie als nicht zielführend, doch lernen Sie auf diese Weise effektiver und effizienter vorzugehen. Behalten Sie diesen Gedanken für den Moment im Hinterkopf, wir kommen zu einem späteren Zeitpunkt darauf zurück. Lassen Sie uns nun mit dem ersten Beispiel beginnen:

[1] Geschäftsführende Gesellschafter

Geschäftsführende Gesellschafter beispielsweise sind / können Menschen sein, die ein Unternehmen gegründet und über Jahre aufgebaut haben; Personen, die Anteile an einem Unternehmen erworben haben oder bedingt durch familiäre Verflechtungen eine gewisse Unantastbarkeit genießen. Das prägnante Wort „Unantastbarkeit" ist bewusst gewählt und soll Ihnen die resultierende Problematik deutlich vor Augen führen.

Einige Zeit ist es mittlerweile her, da betreute ich ein kleineres Unternehmen, mit circa 50 Mitarbeiterinnen und Mitarbeitern. Gegründet, aufgebaut und geführt von vier Personen, verantwortlich für die unterschiedlichen Fachbereiche der Gesellschaft. Die Fluktuation in einem Fachbereich lag signifikant über dem Branchendurchschnitt, aber auch deutlich über der Fluktuation in den anderen innerbetrieblichen Fachabteilungen.

Nun stellt sich die Frage, nach dem Grund der starken personellen Fluktuation in diesem Bereich der Firma. Auf der einen Seite wurden Mitarbeitende zum Teil verhältnismäßig schnell entlassen, auf der anderen Seite haben viele Mitarbeitende das Unternehmen nach einer durchschnittlichen 1,5-jährigen Betriebszugehörigkeit verlassen. Auf diese Weise entstand eine Fluktuation der entsprechenden Fachabteilung, die alle 1,5 bis 2 Jahre einen vollständigen personellen Wechsel zur Folge hatte.

Rein auf Basis der Ihnen zum aktuellen Moment vorliegenden Fakten – wie kann es zu einem solchen personellen Wechsel kommen? Ist die Aussage: „Die Mitarbeitenden sind nicht kompetent genug" seitens der verantwortlichen Führungskraft angemessen? Sicherlich liegt die zuständige Führungskraft mit einer solchen Aussage nicht immer falsch, doch lässt sich diese auch nach Jahren der Fluktuation als einzige korrekte Antwort beibehalten?

Ich maße mir an dieser Stelle nicht an, eine Antwort zu geben – doch möchte ich Sie zu einigen weiteren Gedanken bewegen. Zwei Aspekte sind von Ihnen besonders zu berücksichtigen.

- Einerseits kann die personelle Auswahl auf einem fehlerhaften Bewertungssystem beruhen, was zu der Einstellung ungeeigneter Mitarbeitender führt. Oftmals wird dieser Faktor nicht berücksichtig, oder er wird unterschätzt. Im Falle entsprechender personeller Verantwortung und Entscheidungsmöglichkeit beginnt bereits hier gute Führung.
- Auf der anderen Seite weisen frühe Kündigungen aus dem Team heraus und die damit einhergehende geringe Unterneh-

mensbindung auf klare Defizite bei den verantwortlichen Führungskräften hin.

Auch bei Berücksichtigung weiterer auf die Mitarbeitenden einwirkenden Faktoren und ihren möglichen Schwächen ist es für den außenstehenden Beobachter einleuchtend, dass die zuständige Geschäftsleitung die hohe Fluktuation zu verantworten hat. Doch was wäre Ihrer Meinung nach eine realistische Lösung des Problems oder eine schrittweise Verbesserung der Situation?

Bereits zu diesem Zeitpunkt fällt Ihnen die Lösung vermutlich schwer – weitere Informationen über diesen Fall erschweren diese noch zusätzlich: Das Beispiel ist real und leider kein Einzelfall. Die für die hohe Fluktuation verantwortliche Geschäftsführerin oder der verantwortliche Geschäftsführer ist Gründungsmitglied und Gesellschafter des Unternehmens. Darüber hinaus sind seine fachlichen Fähigkeiten, Kompetenzen und Erfahrungen der vergangenen 25 Berufsjahre einmalig und herausragend. Demzufolge ist er oder sie für das Unternehmen unersetzlich und weitgehend unantastbar.

Darüber hinaus haben die anderen geschäftsführenden Gesellschafter bereits zahlreiche Gespräche initiiert, um die problematische Personalführung anzusprechen; bislang leider ohne Erfolg.

Dieses Beispiel verdeutlicht sehr gut die Problemstellung, sofern es sich um Gesellschafter, Geschäftsführer oder ähnliche Persönlichkeiten handelt. Nehmen Sie sich einige Minuten Zeit und überlegen Sie mögliche Lösungen oder Verbesserungen, bezogen auf die Ausführungen des Beispiels. Fällt Ihnen etwas ein?

Ist jemand wegen der Position unantastbar und weist eine gewisse Unbelehrbarkeit auf, bleiben Ihnen im Vorgehen nicht viele Möglichkeiten: sich anpassen oder Abstand nehmen. Ich stimme Ihnen zu, auch mir würden mehr Alternativen zusagen, doch ist dies leider nicht immer in unserer Macht. Es gibt Fälle, in welchen wir uns fügen müssen und die Gegebenheiten zu akzeptieren haben. Ein gutes Beispiel, um Ihnen die Herausforderungen der Realität zu verdeutlichen. Warum diese Verhaltensweisen auftreten und wie Sie damit idealerweise umgehen können, erzähle ich Ihnen im weiteren Verlauf dieses Buches.

[2] Öffentliche Regulierung

Das zweite Beispiel ist, als Kontrast zum ersten Beispiel, aus dem Öffentlichen Dienst gewählt. Der Öffentliche Dienst weist Besonderheiten auf, die zu gewissen Problematiken führen können. In diesem Beispiel betrachten wir die Leitungsposition von institutionellen Einrichtungen wie beispielsweise Schulen verschiedener Fachrichtungen und Bildungsstufen.

Mitarbeiterinnen und Mitarbeiter von Bildungseinrichtungen durchlaufen in regelmäßigen zeitlichen Abständen Bewertungen seitens der zuständigen Direktorinnen und Direktoren. Diese Beurteilungen der Arbeitsleistung beziehen sich nur zum Schein auf die tatsächliche Qualifikation im sozialen, fachspezifischen und interdisziplinären Kontext der zu beurteilenden Person. Für gewöhnlich erhält eine Lehrkraft eine anfängliche Beurteilung mit der Note 4 nach dem schulischen Prinzip. Eine Tatsache, die auch mir als sehr komisch vorgekommen ist – seien Sie gewiss, ich habe mir diese von mehreren unabhängigen Personen bestätigen lassen. Diese Beurteilung wird im Lauf der Zeit um jeweils eine Note verbessert – wodurch die altersspezifischen und unter Berücksichtigung der Dienstjahre Beförderungen in die nächsthöhere Gehaltsklasse erfolgen.

Ist eine gewisse Gehaltsstufe erreicht, erfolgt kaum eine Degradierung, auch wenn die tatsächliche Arbeitsleistung eine solche begründen würde. Daraus resultierend besteht nur die Möglichkeit der weiteren Beförderung auf höhere Aufgabenbereiche im Kontext der hierarchischen Position. Einfach ausgedrückt: die Personen werden nach oben befördert, Qualifikation wird außen vorgelassen. Bemühen sich die Mitarbeitenden um neue Positionen durch Versetzungen, konkurrieren sie auf Basis ihres bisherigen Werdegangs und der Gehaltsstufe. Soziale und fachliche Kompetenzen werden nicht im Detail geprüft und nicht mit anderen Bewerbenden verglichen.

Bitte entschuldigen Sie, doch wo ist die Logik hinter dieser Vorgehensweise? Besser qualifizierte Mitarbeiterinnen und Mitarbeiter werden übergangen, da ihnen schlichtweg die passende Gehaltsstufe fehlt. Grund hierfür kann beispielsweise sein, dass sie einige

Jahre weniger Berufserfahrung als Lehrende haben und somit auf dem Papier eine geringere Berufsqualifikation vorweisen. Auf diese Art und Weise besteht die Möglichkeit, dass sozial wenig kompetente und in der Führung schwache Personen immer weiter in Führungspositionen befördert werden.

Mir ist es an dieser Stelle nicht möglich, das Beispiel detaillierter zu beschreiben, doch habe ich eine solche Entwicklung sehr nah mitverfolgt. Eine Person, welche die Leitung einer namhaften Institution übernahm, durchlief den oben beschriebenen Weg, und ihr gelang es, auf diese Art und Weise Schritt für Schritt die Karriereleiter hinaufzukommen, trotz mangelnder sozialer Kompetenzen für die Position im Rektorat. Die Verantwortung für ein Kollegium zu tragen, das circa 850 Schülerinnen und Schüler betreut, ist eine anspruchsvolle Tätigkeit, die entsprechende zwischenmenschliche Kompetenz und arbeitsbezogene Fähigkeiten voraussetzt.

Auch an dieser Stelle unter Berücksichtigung des aktuellen Beispiels: die Frage an Sie – fällt Ihnen eine Lösung oder zumindest ein Ansatz zur Verbesserung ein? Welche Möglichkeiten bestehen für den Umgang mit einer vorgesetzten Person, die den Status eines Beamten genießt und nicht gekündigt oder in der hierarchischen Stufe degradiert werden kann? Sich anpassen oder Abstand nehmen?

[3] Gute Zahlen, schlechte Führung

„Stimmen die Zahlen, darf der Chef auch schlecht führen." Eine an sich gewagte und provokante Hypothese, doch leider keine Seltenheit in Unternehmen. Im Zeitalter der niedrigen Zinsen und des günstigen Geldes steigt die Anzahl der Unternehmenskäufe rasant an. Mit Unterstützung von Banken, Investoren oder auf eine andere Art und Weise ermöglichen es sich Unternehmen, andere Gesellschaften zu kaufen – im Gesamten oder zu einem bestimmten prozentualen Anteil. Nach Abschluss des Kaufes stellen sich der erwerbenden Gesellschaften verschiedene betriebswirtschaftliche und personelle Fragen. Eine davon ist beispielsweise, ob die leitenden Führungskräfte behalten werden sollen oder durch neue Mitarbeitende vom Arbeitsmarkt oder der eigenen Organisation, ersetzt werden. Selbstverständlich ist eine solche Fragestellung für gewöhnlich bereits Bestandteil der Verkaufsbedingungen, aber rein aus der hypothetischen Betrachtungsweise.

Ist festzustellen, dass die Fluktuation der erworbenen Gesellschaft im Allgemeinen oder in einer bestimmten Fachabteilung im unternehmensbezogenen oder branchenspezifischen Vergleich besonders hoch ist, ist die logische Schlussfolgerung, sich des Problems anzunehmen. In unserem Beispiel handelt es sich jedoch um eine Geschäftsleitung, welche aus Gründern des gekauften Unternehmens besteht. Diese sind für den Fortbestand der unternehmerischen Leistung unabdingbar und durch entsprechende Verträge in ihrer Position bestätigt. Folglich erfährt die verantwortliche Führungskraft, auch bei Übernahme der gesamten Gesellschaft, keine Konsequenzen für ihren schlechten Führungsstil, der zu der hohen Fluktuation von Mitarbeitenden und zu anderen sozialen und betriebswirtschaftlichen Folgen führt.

Werden die angestrebten Umsatz-, Gewinn- oder Wachstumszahlen, unabhängig von der Wahl anvisierter Kennzahlen, erreicht, so wird oftmals ein schlechter Führungsstil in der Geschäftsleistung, der Abteilungsleitung oder in anderen hierarchischen Stufen toleriert. Die Teilhaber oder die Geschäftsleitung ist über den allgemeinen unternehmerischen Erfolg erfreut. Zu welchen Lasten sich dieser entwickelt und wie instabil ihre Organisation in Wirklichkeit ist, wird ignoriert oder bewusst in Kauf genommen. „Stimmen die Zahlen, darf der Chef auch schlecht führen." Sich anpassen oder Abstand nehmen.

Resümee – Hierbei handelt es sich um reale Beispiele, zwei aus der freien Marktwirtschaft sowie einem aus dem Öffentlichen Dienst. Mit Hilfe praktischer Beispiele möchte ich Sie vom reinen wissenschaftlichen und theoretischen Denken zu praxisnahen Gegebenheiten führen und diese mit entsprechenden bildlichen Gedankengängen unterlegen. Nehmen Sie den daraus gewonnenen Eindruck in Ihren persönlichen Arbeitsalltag mit und machen Sie sich auch zukünftig darüber Gedanken. Reflektieren Sie die vorgestellten Verhaltensweisen und die dazu geführten Rahmenbedingungen. Bedenken Sie all jene Parameter, ziehen Sie Ihre individuellen Lehren daraus und lernen Sie aus diesen.

Lehre der Gedanken

Es sind die wenigen Worte, aus denen wir den reinsten Inhalt schöpfen – den, welchen wir unser Eigen nennen. Jener Gedanke, der einer einzelnen Person entspringt, ist stets lehrender als das gesamte erworbene Wissen.

Einige sehr wegweisende Zitate, die die Jahrtausende in ihrem Wert überdauerten, entsprangen dem chinesischen Lehrmeister Konfuzius. Zitate…, eine Aneinanderreihung von Worten, Tinte auf dem Papier, vergänglich und zumeist philosophisch geprägt.

Konfuzius sprach: „Nehmen wir an, jemand kann alle dreihundert Stücke des ‚Buchs der Lieder' auswendig hersagen. Wird ihm aber eine verantwortungsvolle Aufgabe übertragen, dann versagt er. … Ein solcher Mensch hat zwar viel gelernt, aber welchen Nutzen hat es?"

Allein zu zeigen vermag ich, Sie lernen zu sehen. Nicht ich erkläre, sondern Sie lernen zu denken. Nicht ich weise Sie, Sie lernen zu erkennen. Nicht ich urteile, Sie lernen zu verstehen.

Nicht lesen sollen Sie die ausgewählten Zitate des chinesischen Lehrmeisters Konfuzius, es sind nur Worte. Erkennen und verstehen Sie diese – finden Sie die eigene Person darin, den persönlichen Weg, den individuellen Nutzen.

- „Ist man in kleinen Dingen nicht geduldig, bringt man die großen Vorhaben zum Scheitern."
- „Die Menschen stolpern nicht über Berge, sondern über Maulwurfshügel."
- „Dem Schützen gleicht der höhere Mensch. Verfehlt dieser sein Ziel, so wendet er sich ab und sucht die Ursache seines Fehlschusses in sich selbst."
- „Sage es mir, und ich werde es vergessen. Zeige es mir, und ich werde es vielleicht behalten. Lass es mich tun, und ich werde es können."

„Der lauteste in einem Raum ist auch immer der Schwächste."

Frank Lucas, American Gangster

Bedeutung von Zielen

Am frühen Morgen wachen Sie auf, betreten das Badezimmer und machen sich für den Tag fertig. Sie wählen Ihre Kleidung, frühstücken möglicherweise und begeben sich zur Universität oder Ihrer Arbeitsstelle. Abends lesen Sie unter Umständen ein Buch, gehen zum Sport, ernähren sich auf eine bestimmte Art und Weise und pflegen soziale Kontakte. Ein kurzer und wenig detaillierter Umriss eines Tages, der auf die meisten Menschen zutrifft. Doch warum tun Sie, was Sie tun? Aus welchem Grund haben Sie beispielsweise eine Ausbildung absolviert, ein Studium erfolgreich abgeschlossen oder mühen sich jede Woche aufs Neue bei Ihrem Arbeitgeber ab? Warum pflegen Sie zu dieser Frau oder zu diesem Mann eine Beziehung und nicht zu einer anderen Person? Was beabsichtigen Sie mit Ihren Handlungen und den von Ihnen angestrebten Wegen?

Eine grobe Wertvorstellung und Orientierung über das persönliche Leben sind bei den meisten Menschen vorzufinden. Wir schließen beispielsweise ein Abitur ab, beginnen ein Studium und verbringen die darauffolgenden Jahre mit der Lehre wissenschaftlicher Inhalte. Im Anschluss streben sie bestimmte Tätigkeiten an, wechseln diese möglicherweise nach kurzer Zeit, eventuell verbleiben sie auch einen längeren Zeitraum bei der gewählten Organisation.

Jene Mühen, welche uns Aufopferung und Anstrengung kosten, nicht immer einfach zu bewältigen sind und sich zumeist über einen längeren Zeitraum ziehen – doch wozu all diese Mühen? Weshalb haben Sie dieses Studium gewählt und nicht jene Vorlesung im Raum daneben? Ein Praktikum nach den Jahren des wissenschaftlichen Studiums, möglicherweise eine Juniorposition oder doch die nächsthöhere Position? Sich mit Kolleginnen und Kollegen abmühen, welche Ihre Leistung nicht zu schätzen wissen? Mitarbeitende, die Sie auf Grund ihres Alters nicht ernst nehmen? Ihre Worte ignorieren und trotz aller Gespräche und guter Absichten die alten Strukturen weiterverfolgen?

Das Leben birgt neben den vielen Schönheiten und der Vielseitigkeit unserer heutigen Gesellschaft auch die ein oder andere Herausforderung in Ihrer beruflichen Laufbahn. Ist Ihnen im Klaren, wonach Sie eigentlich streben? Weshalb Sie Anstrengungen unterschiedlicher Art auf sich nehmen und bereit sind, auch nach Feierabend an sich persönlich zu arbeiten, beispielsweise mit diesem Buch in Ihren Händen?

> „Viele sind hartnäckig in Bezug auf den einmal eingeschlagenen Weg, wenige in Bezug auf das Ziel."
>
> *Friedrich Nietzsche, deutscher Philosoph*

Bei meinen Recherchen zu diesem Buch habe ich sehr viele Zitate zum Thema „Ziele" gefunden, weit mehr als ich erwartet hatte. Angefangen bei Nietzsche, weiter über Konfuzius, Immanuel Kant, Goethe und Mark Twain – unzählige Ihnen bekannte und unbekannte Persönlichkeiten schrieben über Ziele und deren signifikante Bedeutung auf den gewählten Wegen.

Sind Sie sich Ihrer eigenen Ziele nicht bewusst, haben diese nicht klar und deutlich vor Augen, so können Sie diese nicht effektiv und effizient angehen und an ihrer Erreichung arbeiten. Kurz und prägnant formuliert, ohne Ausschweifungen und Ungenauigkeit – nur dann sind Ziele Ihrer Aussage nach klar verständlich und nicht von abweichenden Variablen bestückt. Ziele geben uns Orientierung für anstehende Aufgaben, geben uns in der Herangehensweise eine allgemeine Struktur und nähren uns mit der notwendigen Motivation. Auch in Zeiten größter Zweifel und Unsicherheit über die vor uns liegenden Aufgaben blicken wir auf die bereits erreichten Zwischenziele und sind von der eigenen vollbrachten Leistung motiviert. Persönliche Motivation und individuelle Zielsetzungen hängen sehr stark miteinander zusammen.

> „Und als sie das Ziel aus den Augen verloren hatten, verdoppelten sie ihre Anstrengungen."
>
> *Mark Twain, US-amerikanischer Schriftsteller*

Welche Ziele haben Sie, bezogen auf den privaten sowie beruflichen Bereich? Was motiviert Sie, sich stetig weiterzubilden und zukünftig eine noch bessere Führungskraft zu sein? Die mit der Position einhergehenden Anstrengungen zu akzeptieren und anderen Mitarbeitenden zur Seite zu stehen? Haben Sie diese klar vor Augen, vielleicht vage in Gedanken, oder ist diese Fragestellung neu für Sie? Lehnen Sie sich für einen Moment zurück und denken Sie über Ihre Ziele nach. Vielleicht nicht direkt jetzt und nicht morgen, aber füllen Sie die folgenden Zeilen mit Ihren Zielen auf und schreiten Sie bitte erst in Anschluss an diese Aufgabe mit dem Buch voran.

- private Ziele

____

____

____

____

____

- berufliche Ziele

____

____

____

____

____

Wie ist es Ihnen bei der Formulierung Ihrer Ziele ergangen? Wenn Sie Ihre Ziele nun betrachten, ist Ihnen direkt bewusst, was der nächste Schritt zum Erreichen der Zielsetzungen ist? Ein weit in der Zukunft liegendes Ziel ist für gewöhnlich das Resultat langjähriger Arbeit und vieler Bemühungen, möglicher Entbehrungen und auch eventueller Rückschläge. Die sich darin aufzeigende Problematik ist, dass das Ziel zumeist in der Ferne liegt und als nicht in naher Zukunft greifbar erscheint. Das große Ganze sollten Sie stets vor Augen behalten, doch bedarf es für kurz- und mittelfristig Zwischenschritte, welche Sie etappenweise angehen und erreichen können. Hierdurch bleiben Sie motiviert und haben reale Erfolgsmomente, welche einer festgelegten Struktur folgen. Je genauer ein Ziel ausformuliert ist und die notwendigen Schritte für seine Erreichung aufweist, umso konsequenter können Sie im Lauf der Zeit darauf hinarbeiten.

> „Es soll nicht genügen, dass man Schritte tue, die einst zu Zielen führen, sondern jeder Schritt soll Ziel sein und als Ziel gelten."
>
> *Johann Wolfgang von Goethe, deutscher Dichter*

SMART-Methode

Ziele haben einen sehr hohen Stellenwert auf Ihrem Weg zum Erfolg und sollten diesem entsprechend gehandhabt werden. Mit Hilfe der SMART-Methode ist es möglich, die eigenen Ziele systematisch zu formulieren und notwendige Zwischenschritte für die praktische Umsetzung methodisch zu definieren. Die SMART-Methode ist in ihrer methodischen Struktur einfach umzusetzen und auf diverse Bereiche ableitbar. Auf der einen Seite können Sie Ihre individuellen Ziele definieren – diese können dem privaten oder dem beruflichen Bereich entspringen. Auf der anderen Seite besteht die Möglichkeit, eine Formulierung von Zielen nach dem SMART-Modell für Teams, Abteilungen oder ganze Organisationen im betriebswirtschaftlichen Kontext vorzunehmen. Dank der vielfältigen Anwendungsmöglichkeiten und der einfachen Umsetzbarkeit des SMART-Modells wird dieses in der Literatur mit am häufigsten erwähnt und für die unterschiedlichsten Bereiche empfohlen.

S = specific (spezifisch)

Eine spezifische Zielangabe, die keine Möglichkeit der Spekulationen und Interpretationen zulässt, stellt sicher, dass Ihnen kein Raum für Selbstbetrug bleibt. Eine „hohe Position" oder „ein hohes Einkommen" sind Ziele, welche sich speziell für eine junge Führungskraft sehr gut und ambitioniert anhören, jedoch nicht eindeutig und für die direkte Umsetzung sehr vage sind. Können Sie genau definieren, wonach Sie streben, wie Sie Tag für Tag motiviert Ihr Bestes geben und wie Sie stetig an den eigenen Fehlern wachsen? Das eigene Handeln kritisch hinterfragen und schrittweise die eigenen Kompetenzen weiter entwickeln?

Lässt sich Ihr primäres Hauptziel in Unterziele unterteilen, in Zwischenetappen, die für die Erreichung Ihrer Vorstellung notwendig sind? Am Beispiel einer neuen höheren Position in Ihrem Unternehmen als disziplinarisch und fachlich Verantwortlicher oder Projektleiter – welche Zwischenziele sind nötig, um diese Beförderung zu erreichen? Ist zusätzliches Fachwissen oder die Verbesserung Ihrer sozialen Kompetenzen notwendig? Nur ein spezifisches und detailliert ausformuliertes sowie in Unterziele gegliedertes Primärziel ist in der aktiven Umsetzung greifbar und lässt sich von Ihnen strukturiert und effizient erreichen.

M = measurable (messbar)

Nur anhand bestimmter messbarer Faktoren lassen sich Ziele auch wirklich erreichen und motivieren Sie im Verlauf der praktischen Umsetzung. Der Wunsch nach einem höheren Verdienst ist nicht messbar – wieviel mehr wollen Sie künftig verdienen? Wie soll sich die Anerkennung Ihrer Kolleginnen und Kollegen sowie der Vorgesetzten in der täglichen Arbeit widerspiegeln? Welche Position genau streben Sie in der Organisation an? Nur messbare und greifbare Ziele sind erreichbar, lassen Sie zielgerichtet darauf hinarbeiten und motivieren Sie langfristig bei der aktiven Umsetzung. Die Messbarkeit von Zwischenschritten ermöglicht es Ihnen, Zwischenerfolge zu feiern und stolz auf die geleistete Arbeit zu sein, welche Ihnen die ersten Ergebnisse auf dem Weg zum großen Ziel gewährt haben.

A = attractive (attraktiv)

Beim Aspekt „attraktiv" handelt es sich um kein konkretes, sondern um ein eher weiches Kriterium. Die Bedeutung ist jedoch nicht zu unterschätzen, denn ein jedes von Ihnen formulierte Ziel muss für Sie persönlich attraktiv sein. Nur ein aus unserem Inneren kommendes Ziel kann mit Leidenschaft angestrebt und erreicht werden. Ebenso kann dieser Aspekt auch aus einer anderen Perspektive betrachtet und abgeleitet werden: Können Arbeitnehmer sich beispielsweise nicht mit den vorgegebenen Zielen der Organisation oder ihrer Führungskräfte identifizieren, sinken Motivation und Produktivität deutlich. Auf der anderen Seite führen ähnliche Zielsetzungen zu einer stärkeren persönlichen Bindung und Verbundenheit seitens der Mitarbeitenden. Sollten Sie Zwischenschritte haben, die Sie persönlich weniger ansprechen, so beziehen Sie das darüberstehende primäre Hauptziel in Ihre Überlegungen mit ein – auf diese Art und Weise erhalten Sie die notwendige „Motivation" für die anstehende Arbeit.

R = realistic (realistisch)

Der persönliche Ehrgeiz ist eine der stärksten Motivationen, welche uns zur Verfügung stehen. Individuelle Höchstleistungen und hochgesteckte Ziele sollten stets Ihr persönlicher Anspruch sein! Setzen Sie sich jedoch unrealistische Ziele, beispielsweise in Kürze Millionär, oder die beliebteste Führungskraft im ganzen Unternehmen zu sein, Finanzvorstand eines DAX-Konzerns zu werden oder Ähnliches, so werden der lange Weg und die mögliche Verfehlung Ihres Ziels Sie umso stärker demotivieren. Motivation und der persönliche Antrieb im Allgemeinen, unabhängig seines Ursprungs, sind auf allen Ihren Wegen eine unabdingbare, Sie antreibende Kraft. Schritt für Schritt zum Erfolg, lautet die wichtigste Regel für Sie! Schließen Sie nicht aus, im Vorstand eines großen

Unternehmens tätig zu sein oder eine Position im Bürgermeisteramt zu bekleiden, erreichen Sie aber zunächst kleinere Ziele auf einem möglichen Weg nach oben und freuen Sie sich über jeden Schritt nach vorne. Ihre persönliche Motivation ist Ihr wichtigstes Gut, nutzen Sie es effizient und bedacht.

T = time framed (terminiert)

In einem Jahr, in 10 Jahren, pünktlich zur Rente? Setzen Sie sich für die Erreichung Ihrer Ziele präzise, aber realistische Fristen. Wann soll was auf welche Art und Weise eintreten? Ist die zeitliche Planung realistisch oder muss diese überdacht werden? Welche Zeit müssen Sie für Ihr Primärziel, aber vor allem für die einzelnen Teilziele einplanen? An welcher Stelle sehen Sie Risiken oder mögliche Herausforderungen auf Sie zukommen, sodass im Vorfeld kalkulierte zeitliche Puffer angebracht wären? Ein sehr wichtiger Bestandteil der SMART-Methode: die genaue und realistische Zeitplanung für Ihr Vorhaben.

- SMART-Methode
  - S = specific (spezifisch)
  - M = measurable (messbar)
  - A = attractiv (attraktiv)
  - R = realistic (realistisch)
  - T = time framed (terminiert)

Vereinzelt treten im privaten oder beruflichen Kontext Ziele auf, bei denen ein besonderer Fokus auf drei der fünf Elemente nach der SMART-Methode liegt. Hierbei handelt es sich um Ziele, beispielsweise eine bestimmte Position im Unternehmen oder der Erfolg in einem fachspezifischen Bereich. Bei dieser Abwandlung findet eine primäre Fokussierung auf die folgenden Aspekte:

- M = measurable
- R = realistic
- T = time framed

Denken Sie in einem ruhigen Moment darüber nach, sicherlich werden Ihnen weitere Beispiele für Anwendungsmöglichkeiten einfallen.

Ableitende Verhaltensanalyse

Das Kapitel zur Zielsetzung in diesem Buch ist nicht der reinen persönlichen Zielsetzung Ihrer Person gedacht. Auf der einen Seite sollen Sie die Methode auf die eigenen Wünsche anwenden und diese zukünftig Schritt für Schritt entsprechend strukturiert und methodisch erreichen. Auf der anderen Seite bietet Ihnen das SMART-Modell eine vertiefende Erkenntnis über Ziele und die dafür notwendigen Handlungen, welche wir zum Wohle von etwas Größerem zu leisten bereit sind. Im Verlauf Ihrer beruflichen Laufbahn werden Sie mit Menschen konfrontiert sein, deren Verhalten Sie im Detail nur schwer deuten können. Personen, die ebenfalls an einem hierarchischen oder fachlichen Aufstieg innerhalb der Organisation arbeiten. Diese Personen arbeiten wie Sie an den eigenen Kompetenzen und entwickeln ihre persönlichen Fähigkeiten stetig weiter.

Im Verlauf der Anwendung von verschiedenen Modellen zur Verhaltensanalyse wie beispielsweise DISG (dominant, initiativ, stetig, gewissenhaft) lernen Sie, sich anderen Personen anzupassen. Sie steuern bewusst Ihr Verhalten und die damit einhergehenden Aspekte und Auffälligkeiten. Mit gewissenhaften Mitarbeitenden bemühen Sie sich um keine tiefgehenden Gespräche, und einer stetigen Person stehen Sie auf einer zwischenmenschlichen Ebene stärker zur Seite. Ähnlich verhält es sich auch bei jenen Menschen, mit denen Sie früher oder später im Rahmen der Arbeit Kontakt haben werden oder sogar konkurrieren müssen. Seien Sie sich ihrer Fähigkeiten der individuellen Anpassung bewusst und vermeiden Sie voreilige Rückschlüsse auf deren allgemeines Verhalten. Es besteht das große Risiko, dass Sie sehen, was Sie sehen sollen – jedoch nicht sehen, was für Sie aktuell noch unbekannt ist. Sehen Sie die wahre Person vor Ihnen stehen oder sehen Sie ein an Sie oder die jeweilige Situation angepasstes Verhalten?

Die Anwendung einer Zielfindungsmethode, beispielsweise SMART, ermöglicht es Ihnen jedoch, die verdeckten Intentionen des genannten Dritten aus einer anderen Perspektive zu betrachten und ableitend die wahren Verhaltenstendenzen zu erkennen. So spannend dieser Bereich in der Anwendung für Sie im ersten Moment klingt, so kompliziert und herausfordernd ist dieser in der praktischen Umsetzung. Nichtsdestotrotz sollen Sie bereits früh ein Gefühl hierfür entwickeln und sich nicht von Dritten täuschen lassen.

Ich habe Ihnen die SMART-Methode um zwei Elemente erweitert, die Ziel-Mindmap und die Strukturanalyse. Ziele sind zumeist komplexer Natur und auf diversen Unterzielen und Zwischenetappen aufgebaut. Dieser Aufbau beinhaltet möglicherweise Alternativen, welche bei unvorhergesehenen Ereignissen oder von außen auf Sie einwirkenden Faktoren zum Vorschein treten. Zur besseren bildlichen Darstellung und dem grundlegenden Verständnis darüber ist es unabdingbar, Ihr Hauptziel zu differenzieren und sich der inneren Verflechtungen bewusst zu werden. Ich möchte an dieser Stelle nicht zu sehr in beispielhafte Details eingehen. Im Folgenden sind beide Aufgabenstellungen beschrieben und leiten Sie auf diese Art und Weise zur eigenen praktischen Anwendung der SMART-Methode weiter.

Ziel-Mindmap

Ehe Sie sich daranmachen, Ihre individuellen Ziele nach der SMART-Methode zu formulieren und in Etappen zu gliedern, eine kleine und doch sehr entscheidende Hilfestellung für Sie vorweg. Unsere wahren Ziele, die darin verborgenen persönlichen Intentionen und notwendige Zwischenschritte werden uns oftmals erst im Prozess der Zielformulierung bewusst. Nehmen Sie sich für diese Aufgabe etwas Zeit und machen Sie sich im ersten Schritt allgemeine Gedanken. Notieren Sie alle Gedanken, die Ihnen zu Ihren Zielthemen in den Sinn kommen. Für den ersten Moment geht es darum, eine Übersicht über Ihre Gedanken zu erhalten, diese muss keine logische Reihenfolge haben, eine reine erste Gedankensammlung.

Im zweiten Schritt finden die Strukturierung und Differenzierung Ihrer Ziele statt. Welche Teilziele beziehen sich in welcher Reihenfolge auf welches Primärziel? Gibt es bedeutende innere oder äußere Faktoren, die einzelne Etappen beeinflussen oder im Verlauf des Weges bedacht werden müssen? An welcher Stelle könnten – rein aus einer oberflächlichen Betrachtung – besonders große Herausforderungen auftreten? Stehen Sie in einzelnen Teilbereichen in Abhängigkeit von Dritten, dass sich etwas auf eine bestimmte Art und Weise entwickelt, worauf Sie keinen Einfluss nehmen können? Markieren Sie solche Stellen rot, diese Positionen bedürfen einer intensiven Betrachtung Ihrerseits. Je detaillierter Sie das große Ganze Ihrer Ziele verstehen, umso zielgerichteter und erfolgreicher können Sie darauf hinarbeiten. Genau an dieser Stelle begehen die meisten einen entscheidenden Fehler. Sie betrachten ihre Ziele nur oberflächlich, im Sinne von: „Ich kennen meine Ziele, ich weiß, was ich dafür zu tun habe."

Ein kleiner Vermerk meinerseits: Wenn Ihnen Ihre Ziele so klar vor Augen sind, sollte es Sie keine zehn Minuten kosten, diese bildlich und strukturiert in einer Mindmap darzustellen. Nehmen Sie sich diese Zeit, es sind sehr gut investierte Minuten.

Teilbereich I – Beginnen Sie mit einer Ideensammlung hinsichtlich Ihrer persönlichen Ziele. Was ist es, das Sie anstreben, welche Rahmenbedingungen sind Ihnen dabei wichtig? Denken Sie an die Zeit, bis Sie Ihr jeweiliges Ziel erreicht haben – was ist Ihnen in Bezug auf den zeitlichen Verlauf von Bedeutung, wie stellen Sie es sich vor Ihrem inneren Auge vor? Sammeln Sie Ihre Ideen und notieren Sie alle Aspekte, die Ihnen direkt einfallen. Blicken Sie im Anschluss auf Ihre Gedankensammlung und bemühen Sie sich, die einzelnen Ideen kritisch zu hinterfragen. Haben Sie möglicherweise etwas vergessen?

Die Zusammenstellung Ihrer Unterziele auf das Primärziel und deren beeinflussende Faktoren können Sie im zweiten Teilbereich der Aufgabe skizzieren. Legen Sie los und lassen Sie sich ausreichend Zeit für die Bearbeitung.

Teilbereich II – Widmen Sie sich bitte der Strukturanalyse Ihrer Ziele. Betrachten Sie Ihre Notizen der vorangegangenen Ideensammlung und die einzelnen notierten Punkte. Schreiben Sie das gewünschte Ziel in den oberen Bereich und untereinander die damit zusammenhängenden Aspekte oder zu erreichende Zwischenschritte. Mit Verbindungslinien können Sie die differenzierten Abhängigkeiten darstellen und Vermerke vornehmen, sofern einzelne Aspekte das weitere Voranschreiten verhindern könnten. Hierbei geht es um eine Detailanalyse für das bessere Verständnis des gewählten Ziels und all jene zu beachtende Faktoren.

Teil I – Ideensammlung

Teil II – Strukturanalyse Ihrer Ziele

Zielsetzung nach SMART

Teil III – Ihre ersten Gedanken haben Sie mit Hilfe der Ideensammlung und der Strukturanalyse sortiert und in ein zusammenhängendes Grobkonzept gebracht. Der nächste Schritt ist die detaillierte Ausarbeitung der einzelnen zu erreichenden Schritte. Die folgende Vorlage unterstützt Sie dabei. Betrachten Sie Ihre Strukturanalyse und wählen Sie zwei Ziele für die Formulierung nach der SMART-Methode aus. Selbstverständlich können Sie auch weitere Ziele spezifisch ausarbeiten, und sollen Sie im Verlauf Ihres Weges auch. Die ersten beiden dienen der Einarbeitung in die neue Struktur und der intensiven Auseinandersetzung mit den individuellen Zielsetzungen. Die intensive Form der Ausarbeitung wird Ihnen im zukünftigen Verlauf von großer Hilfe sein und Sie sollten diese nicht beiseite liegen lassen – nehmen Sie sich hierfür ausreichend Zeit und beschäftigen Sie sich intensiv mit Ihren persönlichen Zielen.

Zielsetzung I

- S = specific (spezifisch)

____

____

____

____

____

____

- M = measurable (messbar)

____

____

____

____

- A = attractive (attraktiv)

- R = realistic (realistisch)

- T = time framed (terminiert)

Zielsetzung II

- S = specific (spezifisch)

- M = measurable (messbar)

- A = attractive (attraktiv)

- R = realistic (realistisch)

____

____

____

____

____

____

- T = time framed (terminiert)

____

____

____

____

____

____

Das Kapitel der Zielsetzung neigt sich an dieser Stelle dem Ende zu, und ich hoffe, Sie haben sich im Detail mit der persönlichen Zielvorstellung und den dafür notwendigen Zwischenschritten auseinandergesetzt. Sie ebenso wie alle anderen Personen in Ihrem Umfeld haben Ziele, Vorstellungen und Wünsche. Manche motivieren und treiben stärker an, andere weniger. Seien Sie sich stets bewusst, dass eine jede Person einen für Sie nicht sichtbaren Antrieb hat – unternehmerischen Erfolg, Anerkennung im Kollegium, eine Beförderung oder einfach eine ruhige Zeit im Angestelltenverhältnis. Sie werden sich diesen sicherlich oftmals nähern können, diese jedoch nie sicher durch die Augen Dritter erkennen können. Für Sie ist es von Bedeutung, sich deren Existenz vor Augen zu führen und sie nach Möglichkeit zu Ihren eigenen Zwecken zu nutzen. Wie Sie dies umsetzen können und welche Methoden Ihnen dabei zur Verfügung stehen, betrachten wir in diesem Buch zu einem späteren Zeitpunkt.

> „Wenn du merkst, dass du deine Ziele nicht erreichen kannst, dann passe nicht die Ziele an, passe die Maßnahmen an."
>
> *Konfuzius, chinesischer Philosoph*

Zielanalyse Dritter

Die eigene Person kennen zu lernen ist ein sehr großer Schritt auf dem Weg Ihrer persönlichen Entwicklung. Sich mit dem eigenen Wesen und dem eigenen Verhalten in all seinen positiven und negativen Tendenzen auseinanderzusetzen, ist nicht einfach und erfordert einen gewissen Zeitraum. Es ist ebenfalls sehr wichtig, dass Sie dabei ehrlich zu sich selbst sind – es ist eine sehr private Sache, andere Menschen werden nicht in die jeweiligen Schritte und Gedanken involviert – es geht nur um Sie persönlich. Wenn Sie diesen Weg für sich wählen, werden Sie im Lauf der Zeit die signifikante Bedeutung davon erleben und sich stets weiter mit der eigenen Person befassen wollen. Sie erkennen Schwächen und Stärken Ihrer individuellen Kompetenzen, lernen diese zu verstehen, weiter zu entwickeln und im Allgemeinen mit diesen zielgerichtet umzugehen.

Der darauf aufbauende Schritt ist die Analyse Ihrer Umgebung. Die Analyse des persönlichen Umfelds kann in verschiedene Bereiche unterteilt werden – beispielsweise in privates oder arbeitsbezogenes Umfeld. Eine weitere Differenzierung ist dahingehend möglich, dass Sie mit einzelnen Personen oder Personengruppen – beispielsweise sehr enge Freunde oder Familienmitglieder – einen spezifizierten Umgang pflegen.

An dieser Stelle möchte ich den arbeitsbezogenen Teilbereich aufgreifen und mit Ihnen näher betrachten. Die im Folgenden vorgestellte Herangehensweise der Analyse Ihres Arbeitsumfeldes kann ebenso auf andere Teilbereiche Ihres Lebens abgeleitet werden. Seien Sie sich jedoch bewusst, dass persönliche Verflechtungen stets einen größeren Einfluss mit sich bringen und Ihr Verhalten signifikant beeinflussen.

Als Führungskraft oder Teammitglied sind Sie Teil einer Organisation. Diese kann wiederum in kleinere Einheiten unterteilt werden, beispielsweise in Niederlassungen, Abteilungen oder Teams. Die Konstellationen hängen verständlicherweise stark von Ihrer Arbeitsstelle ab – begründet auf der Organisationsgröße, sowie ob sie der freien Marktwirtschaft oder dem Öffentlichen Dienst angehört. Mit Hilfe des DISG-Modells haben Sie bereits einzelne Personen aus verschiedenen Sichtweisen näher analysiert und deren Verhaltensmuster reflektiert. Darauf aufbauend ist die gegenseitige Wirkung in einer Organisation von Interesse. Lassen Sie uns diese Einflüsse und Verhaltensweisen am Beispiel Ihres Arbeitsumfeldes betrachten.

Wenn ich Sie jetzt bitten würde, die persönlichen Verflechtungen, Zusammenhänge und gegenseitigen Wirkungen Ihres Teams aufzuzeigen – wie würden Sie diese Aufgabe angehen? Grund meiner Frage ist, dass Sie als Führungskraft Ihre Kolleginnen und Kollegen nicht nur als Individuen betrachten dürfen, sondern auch als Bestandteil eines Teams. Es ist an Ihnen, abzuwägen und entsprechend zu entscheiden, wie Sie eine harmonische Konstellation in Ihrer Organisation gewährleisten. Innerhalb einer jeden Organisation wirken unterschiedliche Einflussfaktoren auf die jeweiligen Kolleginnen und Kollegen ein. Diese sind sehr unterschiedlicher Natur – es kann emotionale Zuneigung zwischen zwei Personen sein, eine langjährige Freundschaft, Konkurrenzverhalten oder weitere Aspekte, wie sie bei zwischenmenschlichen Beziehungen auftreten. Sie erkennen, dass eine einfache Unterteilung nach Arbeitsleistung und nach dem Verhalten sowie der persönlichen Einstellung gegenüber Vorgesetzten und dem Unternehmen nicht für eine detaillierte Betrachtung und den daraus möglicherweise folgenden Entscheidungen und Handlungen ausreichen.

Praktische Analyse Ihres Teams

Aufgabe – Ich habe Ihnen im Folgenden drei Teilaufgaben vorbereitet. Nehmen Sie sich hierfür ausreichend Zeit und vervollständigen Sie die Antworten gerne auch über mehrere Tage hinweg. Alle Teilbereiche beziehen sich auf eine erste praktische Analyse Ihres Teams. Diese Herangehensweise dient Ihrem Verständnis der Komplexität von zwischenmenschlichen Beziehungen und deren Bedeutung und Auswirkung, beispielsweise auf die innere Harmonie oder auf die Arbeitseffizienz. Die Fragen sind nicht leicht und schnell zu beantworten; gehen Sie sie deswegen in einem ruhigen

Moment an. Lesen Sie die Fragen sorgfältig durch und reflektieren Sie die angesprochenen Aspekte.

Teilaufgabe I – Bevor Sie Ihr Team im Detail betrachten und analysieren, welche Vorteile (Stärken) und Nachteile (Gefahren / Schwächen) es hat, möchte ich Sie um eine übergreifende Analyse bitten. Im Rahmen der SMART-Analyse haben Sie die Mindmap bereits kennengelernt und am praktischen Beispiel ausprobiert. Gehen Sie auch in dieser Aufgabe nach dem gleichen Muster vor – erstellen Sie eine Mindmap, die die persönlichen Zusammenhänge Ihres Teams darstellt. Berücksichtigen Sie nach DISG dabei Sympathie, Empathie, Abneigung, Respekt, Zuneigung, Frust, Neid, Freundschaft, Professionalität, Konkurrenzverhalten, Arroganz, Verhaltenstendenzen und alle weiteren Einflussgrößen, die Ihnen einfallen. Die folgenden Zeilen dienen Ihren Notizen und die darauffolgende leere Seite Ihrer individuellen Mindmap.

„Teilaufgabe I – Mindmap"

Teilaufgabe II – Denken Sie an das Team, das Sie selbst führen und dessen Mitglied Sie sind, oder an eines aus Ihrer früheren Erfahrung. Betrachten Sie die Vorteile (Stärken) und die Nachteile (Gefahren / Schwächen) dieses Teams. Bemühen Sie sich, die Aspekte jeweils auszuformulieren und mit konkreten Beispielen zu unterlegen – nur so können Sie eine rationale Betrachtung gewährleisten.

____

____

____

____

____

____

____

____

Subjektive Wahrnehmung der Analyse Dritter

Teilaufgabe III – Der dritte Teilbereich ist Ihrer subjektiven Wahrnehmung gewidmet. Nehmen wir an, Sie liegen falsch. Zwar haben Sie eine gute und solide Einschätzung, mit den zugehörigen Beispielen, vorgenommen. Doch diese Einschätzung ist nicht vollständig. Ihnen sind in der subjektiven Bewertung der beobachteten Situationen und Verhaltensweisen Fehler unterlaufen.

Mit einem Beispiel ist es einfacher, sich diese These bildlich vorzustellen. Im beruflichen Alltag verfolgen Sie, so wie andere Personen auch, persönliche Ziele. Die spezifische Herausforderung an dieser Stelle ist, dass Ihnen nicht bekannt ist, um welche Ziele es sich bei den Menschen in Ihrer Umgebung handelt. Diese Thematik stellt das übergreifende Ziel einzelner Kolleginnen und Kollegen dar, das sie jeweils anstreben. Um diese Ziele zu erreichen, verhalten sich Menschen auf unterschiedliche Art und Weise, und sie sind bereit, Änderungen oder Anpassungen des eigenen Verhaltens vorzunehmen. Sie können diese grundlegende Verhaltensweise als Manipulation, Anpassung, Lügen, Verstecken oder als Ähnliches bezeichnen – Ihre persönliche Empfindung hierüber ist nicht von Bedeutung, das Resultat bleibt, und dieses gilt es zu erkennen. Welche Ihrer Mitarbeitenden, Kolleginnen oder Kollegen könnten ihr Verhalten bewusst verstellen und welche Intentionen hegen sie damit? Sind gute Verhältnisse nur oberflächlich und Teil auf einer tieferen Strategie? Erfolgt die Täuschung aufgrund von persönlichen Zielen oder ist sie eine Anpassung an die anderen Teammitglieder?

Eine sehr komplizierte Fragestellung. Seien Sie sich im Klaren, dass die folgenden Zeilen für die Beantwortung dieser Teilaufgabe auch leer bleiben können. Es ist nicht gesagt, dass jemand aus Ihrem Team oder andere Personen in Ihrem beruflichen Umfeld das eigene Verhalten bewusst anpassen. Seien Sie sich dessen im Klaren und nehmen Sie sich in Acht vor dem klassischen Schubladendenken. Eine jede heute getroffene Aussage, Einschätzung oder Betrachtungsweise kann sich innerhalb kürzester Zeit relativieren – gehen Sie stets rational an solche Betrachtungen heran und passen Sie Ihre Erkenntnisse im Lauf der Zeit Ihrer persönlichen Erfahrung an.

Widmen Sie sich nun der dritten Teilaufgabe und analysieren Sie Ihre Wahrnehmung im Detail auf subjektive Verzerrungen.

Sehnsucht

Die Sehnsucht wächst in uns heran, geformt durch Kultur, Erziehung, den Gegebenheiten der Vergangenheit, den Emotionen der Gegenwart und den Wünschen der Zukunft. Sie wächst und wandelt sich im Lauf der Zeit. Doch bleibt der ursprüngliche Gedanke tief erhalten. Der Ursprung unserer Wahrnehmung, des Denken, des Handelns, der Bemühungen, der Aufopferung, des Schmerzes, der Trauer, der einen Kraft, die uns in einem noch so kleinen Augenblick begleitet. Kraft und Leid, vermeintliche Gegensätze, unterschiedlich wie Tag und Nacht, gehen Hand in Hand einher. Nicht immer zu sehen, doch in einer jeden Tat, einem jeden Wort verborgen.

Wir sehnen uns, wir streben danach, wir denken darüber, wir fordern uns. Die einzelnen Augenblicke reihen sich aneinander, Tage vergehen, Jahre verschwimmen. Ist das Ziel noch klar vor Augen, die Sehnsucht danach noch stark in uns? Ein gewähltes Ziel, so tief in der Zukunft, so unklar und doch so verlockend. Ist erst der Moment in der Mitte unserer Erfüllung ein Genuss? Was ist mit all den Jahren der Vergangenheit, dem Weg, der Anstrengung, der Etappen auf dem Weg unseres Lebens?

„Der Weg ist das Ziel" – Konfuzius, chinesischer Lehrmeister

So wenig Worte, so tief in ihrer Bedeutung. So unklar auf den ersten Blick, doch so klar für die Sehenden. 10 Jahre hat es mich gekostet, aufopferungsvolle Jahre, doch notwendig für die Erkenntnis dieser wenigen Worte und des großen Wertes dahinter. Suchen Sie keine Erklärung, Sie werden sie nicht verstehen. Ist Ihr Augenblick gekommen, werden Sie erkennen, dass Sie blind waren. Lebe heute und nicht morgen, genieße den Weg zu den hohen Zielen und Du wirst der Reinheit folgen.

Verhaltensanalyse & Deutung

Eine Führungskraft sieht sich im beruflichen Kontext mit unterschiedlichen Gegebenheiten konfrontiert. Diese sind verständlicherweise von zwischenmenschlichem Kontakt oder Entscheidungen, die sich auf andere Personen auswirken, geprägt.

Immer wieder treten uns unbekannte Menschen in unser Leben; manche bleiben länger, andere wiederum nur für eine kurze Zeit. Keine Person gleicht einer anderen. Eventuell weist sie Ähnlichkeiten auf, jedoch bleibt sie in sich ein stark differenziertes Individuum.

Gerade diese Situation ist es, die für eine junge Führungskraft eine besondere Herausforderung darstellt. Anders als ältere Kollegen oder Führungskräfte haben Sie weniger Lebens- und Sozialerfahrung. Dadurch fällt es Ihnen schwerer, andere Personen einzuschätzen, deren Charakter und Bedürfnisse zu erkennen und ihr Verhalten vorherzusagen. Dies jedoch ist Grundlage für erfolgreiches Führen. Nur wenn Sie Ihre Mitarbeiterinnen und Mitarbeiter weitgehend richtig einschätzen, können Sie jeden Einzelnen mit den passenden Maßnahmen motivieren und auf die richtige Art ansprechen und einbeziehen, ihn seinen Stärken entsprechend einsetzen und seine Schwächen und Defizite berücksichtigen.

Während ältere, erfahrene Führungskräfte ihre Teammitglieder häufig aus dem Bauch heraus richtig einschätzen, sollten Sie auf ein konkretes Tool der Verhaltensanalyse zurückgreifen. DISG wäre zwar auch für viele erfahrene Führungskräfte eine Hilfe, doch in Ihrer Situation ist DISG noch deutlich wichtiger.

Eine Führungskraft baut im Rahmen ihrer Tätigkeit eine Art Mikroorganisation um sich herum auf; eine Gruppe von Menschen, die voneinander abhängig sind und eine gewisse Bindung zueinander haben. Dies kann beispielsweise auf personeller Ebene erfolgen – Führungskraft und die direkt unterstellten Mitarbeitenden im Team. Eine weitere Variante ist, dass Führungskräfte Entscheidungen, die auf andere Fachabteilungen Einfluss nehmen, treffen, ohne direkten Kontakt oder eine vorangegangene Interaktion der Beteiligten zu fordern. Ebenso besteht in vielen Fällen beispielsweise Kontakt zu Kunden oder Klienten sowie die mögliche Zusammenarbeit mit Geschäftspartnern wie Zulieferern oder ähnlichen, Begegnungen mit Bewerbern auf Positionen im Unternehmen, oder Partner mit Anfragen zu künftigen Kooperationen. Sehr unterschiedliche Situationen, in denen menschlicher Kontakt stattfindet – direkt oder indirekt.

Für eine erfolgreiche und zielgerichtete Arbeit mit Menschen ist es von großer Bedeutung, mit ihnen entsprechend umgehen zu können. Dabei geht es nicht nur um allgemeine Höflichkeiten und das Einhalten sozialer Spielregeln, sondern darum, deren Beweggründe zu erkennen und zu verstehen. Was bewegt diese Menschen zu ihren Aussagen, Taten und Empfindungen? Ihr Gegenüber zu analysieren, hinter die bloßen Worte zu blicken und die im ersten Moment noch nicht sichtbaren Intentionen dahinter zu erkennen, ist sicherlich kein einfaches Unterfangen. Vielmehr lauern hier viele Gefahren und potenzielle Fehlurteile. Deshalb stellt Menschenkenntnis eine wertvolle Fähigkeit dar, die meiner Meinung nach unabdingbar für eine gute Führungskraft ist.

Nur stellt sich hier die Frage, auf welche Art und Weise Menschen und ihre individuellen Absichten eingeschätzt und beurteilt werden. Bereits Bruchteile von Sekunden genügen dem menschlichen Gehirn, um eine erste Einschätzung unseres Gegenübers vorzunehmen. Ist mir die Person im Allgemeinen sympathisch? Verspüre ich das Bedürfnis nach Distanz, Ehrfurcht, Abneigung, sexuelles Interesse oder Ähnliches? Die Liste lässt sich noch lange fortsetzen und verdeutlicht unsere individuelle Wahrnehmung der sozialen Umgebung. Jene Emotionen oder Stimmungen werden jedoch nur bei uns ausgelöst, eine andere Person könnte die gleiche Begegnung vollkommen anders auffassen und empfinden. Eine Bezeichnung hierfür ist die subjektive Wahrnehmung; ein faszinierender und hoch komplexer Themenbereich des menschlichen Empfindens. Doch auf welcher Grundlage findet eine Beurteilung des Gegenübers statt? Weshalb sind uns bestimmte Männer und

Frauen sympathischer als andere? Können Sie dies anhand konkreter Faktoren festlegen, anhand von Aspekten, die sich eindeutig definieren und belegen lassen?

Menschenkenntnis ist ein Begriff, der in diesem Kontext gerne fällt. Eine unterbewusste und subjektive Einschätzung anderer Personen innerhalb weniger Momente. Beruhend auf unserer Erziehung, gesellschaftlichen Einflüssen, persönlichen Erfahrungen und anderen individuellen Prägungen in der Vergangenheit. Sich bei der Einschätzung anderer jedoch ausschließlich auf die eigene Menschenkenntnis zu verlassen ist gefährlich. So getroffene Urteile müssen sehr vage bleiben und sind selten tatsächlich in vollem Umfang zutreffend. Ist somit eine strukturierte und auf sachlicher Basis begründete Einschätzung Dritter nicht möglich? Wie ist Ihre persönliche Meinung zu diesem Thema? Haben Sie möglicherweise ein bestimmtes Muster zur Analyse von Verhalten und der zugehörigen Beweggründe anderer Personen? Fern von subjektiven Empfindungen und Emotionen, welche die Beurteilung entsprechender Gegebenheiten und Aspekte verfälscht?

Reflektieren Sie die vergangenen Jahre aus Sichtweise Ihres privaten und beruflichen Umfelds. Auf welche Art und Weise haben Sie in der Vergangenheit Ihnen fremde oder vertraute Personen eingeschätzt und beurteilt? Haben Sie neu in Ihr Leben tretende Personen mit der gleichen Methode analysiert und eingeschätzt wie Personen, die Sie bereits länger kannten? Hatten Sie überhaupt ein konkretes Muster in Ihrer Vorgehensweise, oder setzten Sie in der Vergangenheit vor allem auf subjektive und unterbewusste Einschätzungen?

Formulieren Sie Ihr Vorgehen, Ihre Erfahrungen oder auch nur im Allgemeinen Ihre Gedanken zu diesem Thema. Betrachten Sie diese von außen und bemühen Sie sich um eine rationale Wertung der eigenen Worte. Nehmen Sie sich für diese Aufgabe ausreichend Zeit, gerne können Sie diese schrittweise vervollständigen.

- Vorgehen / Erfahrungen / Gedanken

____

____

____

____

- Persönliche Wertung der eigenen Worte

____

____

____

____

DISG

Der amerikanische Psychologe William Marston entwickelte in den zwanziger Jahren des letzten Jahrhunderts ein sehr interessantes und in seinen Grundzügen einfaches und dadurch sehr alltagstaugliches Konzept zur Verhaltensanalyse. Ich habe es vor vielen Jahren für mich entdeckt und wende es in meiner Arbeit als Trainer und Berater erfolgreich an. Das von ihm entwickelte DISG-Modell ermöglicht es, menschliches Verhalten vordergründig in seinen spezifischen Bestandteilen zu erkennen, strukturiert zu analysieren und sachlich zu deuten. Situationsbedingtes Verhalten erhält einen Rahmen zur Analyse der sich dahinter verborgenen Intentionen und persönlichen Absichten. Mit diesem Modell führen Sie keine psychologische Analyse Ihres Gegenübers durch – Sie analysieren ausschließlich sein Verhalten. Auf diese Weise vergrößern Sie die Chance, auf bestimmte Gegebenheiten zu Ihren Gunsten reagieren zu können. Die Vorzüge dieses Modells sind die geringe Komplexität, die verhältnismäßig leichte Anwendung und die vielfältigen Anwendungsmöglichkeiten im privaten sowie beruflichen Alltag.

William Marston entwickelte das DISG-Modell aus einer anfänglichen Differenzierung von zwei festgelegten Dimensionen mit jeweils zwei Unterteilungen. Die erste Dimension mit ihrer Unterteilung ist extrovertiert oder introvertiert – die zweite Dimension mit ihrer Unterteilung ist aufgabenorientiert oder menschenorientiert. Im Verlauf seiner Forschung erweiterte er diese Dimensionen und stellt sie sehr überschaubar und anwendungsnah im sogenannten DISG-Modell dar.

Bevor wir uns intensiver mit dem Modell von William Marston beschäftigen, ist es wichtig zu verstehen, dass es sich hierbei um keine Psychoanalyse oder Ähnliches handelt. Es handelt sich um die Beobachtung von Verhalten, welches im Kontext der individuellen Gegebenheiten und Situationen definiert und analysiert wird; eine rationale Herangehensweise ohne wertende Elemente, welche auf subjektivem menschlichen Empfinden basieren und für eine sachliche Analyse hinderlich wären. Denn menschliche Wahrnehmung ist niemals frei von trügerischen Gefühlen, die auf unserer Erfahrung, aber auch auf sozialen Einflüssen der Gesellschaft oder uns nahestehende Personen wie Familie und Freunde basieren.

In diesem Modell der Verhaltensanalyse werden vier primäre Grundtypen der Persönlichkeit unterschieden. Diese treten stets in einer Kombination von 2 Verhaltenstendenzen auf, wobei zumeist eine deutlicher zu erkennen ist. Eine weitere Differenzierung ist zwischen privatem und beruflichem Bereich möglich. Grund hierfür ist, dass Menschen unterschiedliche individuelle Zielvorgaben und auf sie einwirkende Einflussfaktoren haben, sodass das jeweilige Verhalten im beruflichen und privaten Kontext unterschiedlich sein kann. Wie diese Ausprägungen ausfallen können und weitere Beispiele zur besseren bildlichen Darstellung erfahren Sie nach einer ersten Einführung in das DISG-Modell.

- Dominant (D) = extrovertiertes und aufgabenorientiertes Verhalten
- Initiativ (I) = extrovertiertes und menschenorientiertes Verhalten
- Stetig (S) = introvertiertes und menschenorientiertes Verhalten

- Gewissenhaft (G) = introvertiertes und aufgabenorientiertes Verhalten

In der Literatur findet sich eine farbliche Zuordnung zu diesen einzelnen Verhaltenstendenzen. Diese habe ich Ihnen im Folgenden ebenfalls dargestellt. Mit dieser Herangehensweise ist eine bildliche Einprägung der zugehörigen Inhalte einfacher für Sie. Im Verlauf der Anwendung dieses Modells werden Sie den entsprechenden Farben spezifische Eigenschaften intuitiv zuordnen können.

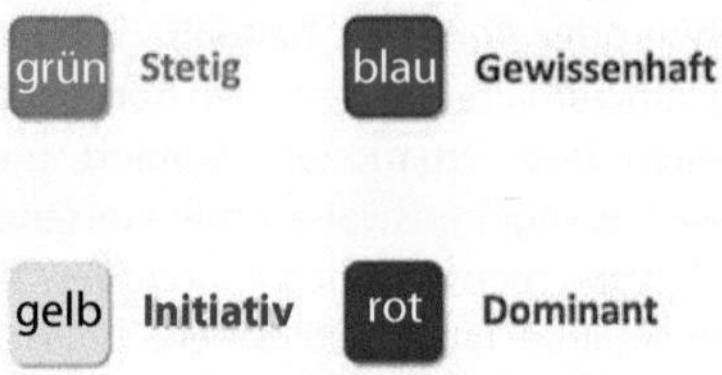

Wichtig ist bei diesem Modell, von Anfang an ein Schubladendenken zu vermeiden. Jedes verhaltensorientierte Modell unterstützt Sie nur – die fehlerfreie Einschätzung einer Person ist nicht möglich. Menschen sind vielfältig in ihrem individuellen Verhalten und der Persönlichkeit – beeinflusst durch äußere Faktoren und uns nicht bekannte Aspekte. Eine heutige Einschätzung eines Dritten kann morgen bereits hinfällig sein und bei einer erneuten Bewertung der bekannten Fakten differenziert ausfallen. Seien Sie sich dessen bei einer jeden Anwendung bewusst. Unabhängig davon sind auch Sie nur ein Mensch und nicht rein rational bei Ihrer Wertung und Einschätzung. Auch Sie werden von Gefühlen geleitet und beeinflusst, und verwenden zur Unterstützung, bewusst wie unbewusst, Erfahrungen der Vergangenheit.

Genau an dieser Stelle treffen Sie auf eine spezifische Herausforderung. Die meisten Fehler passieren uns nicht bewusst, sondern unbewusst. Diverse wissenschaftliche Studien stellen unter Beweis, wie unsere subjektive und unterbewusste Wertung die eigene Wahrnehmung beeinflusst. So empfinden wir bestimmte Personen sympathischer als andere und lassen uns schnell im Urteil beeinflussen: Ein Gedanke, den Sie mitnehmen und bei Ihrer eigenen Anwendung stets im Hinterkopf behalten sollten.

In der Persönlichkeitsstruktur nach dem DISG-Modell ist jede Verhaltenstendenz aus den vier Bereichen vorhanden – die Differenzierung findet nach der in ihr vorkommenden Intensität statt. Bei den meisten Menschen herrschen mindestens zwei der vier Verhaltensweisen vor. Wichtig zu bedenken ist, dass Menschen sich im privaten sowie beruflichen Bereich gewöhnlich unterschiedlich verhalten.

Dominanter Stil

Menschen mit einem dominanten Verhaltensstil denken und handeln gerne schnell. Sie bemühen sich Dinge zu beeinflussen und gegebenenfalls nach ihrem Willen zu verändern. Problemstellungen und Herausforderungen werden direkt angegangen und nicht lange vor sich hergeschoben. Ein gegebener Status Quo wird gerne in Frage gestellt, Antworten müssen klar und direkt sein. Grundsätzlich werden vielfältige Aufgabenbereiche und die individuelle Unabhängigkeit bevorzugt. Es gibt keinen zweiten Platz, nur den Sieger und die Verlierer. Getreu diesem Motto nehmen sie gerne Herausforderungen an und treten in Wettbewerb mit anderen. Für sie ist es kein Spaß; ein Wettkampf, so klein und unbedeutend er auch sein mag, wird mit dem Sieg vor Augen in Angriff genommen. Im Mittelpunkt fühlen Sie sich wohl und unternehmen gerne den Versuch, Einfluss auf Ihr Umfeld auszuüben oder dieses vollständig zu kontrollieren. Ebenfalls sehen Sie sich gerne vor anderen Personen stehen, Entscheidungen zu treffen, Reden zu halten oder Aufgaben zu delegieren. Sie verlangen viel von der eigenen Person sowie von den Mitmenschen, Sie entwickeln eine große Willenskraft, um Ihre Ziele – gegebenenfalls auch gegenüber anderen – durchzusetzen.

Persönlichkeitseigenschaften: entschlossen, willensstark, herausfordernd, konkurrierend, ergebnisorientiert, stur, bestimmend, durchsetzungsfähig, direkt, offen, mutig, aggressiv, hartnäckig, ruhelos, anspruchsvoll.

Initiativer Stil

Menschen mit einem initiativen Verhaltensstil sind neuen Kontakten gegenüber offen eingestellt. Das zwischenmenschliche Verhältnis ist für sie von großer Bedeutung. Sie bemühen sich um ein gutes Verhältnis zu allen Personen in ihrer Umgebung. Ähnlich dem dominanten Verhaltenstyp versuchen sie Dritte gerne von ihren Ansichten zu überzeugen – manchmal bewusst, manchmal unbewusst. Ihr Herz tragen sie auf der Zunge, sind offene und einladende Persönlichkeiten, optimistisch in ihrem Wesen und drücken gerne ihre Gedanken und Gefühle aus. Im Kontakt und Austausch mit anderen Menschen, beispielsweise bei Gruppenaktivitäten, blühen sie regelrecht auf – es ist ihnen wichtig, eine Gemeinschaft, ein Team unter den Beteiligten zu schaffen. Als spontan handelnde Menschen führen sie ihre Aufgaben nur im Maße der notwendigen Disziplin aus. Grund hierfür ist ihr breit gefächertes Interesse für unterschiedliche Themen- und Aufgabenbereiche, wodurch sie sich nur selten einem einzelnen Fachbereich vollumfänglich verschreiben.

Kontrolle und Detailarbeit sind keine Tätigkeiten, welche sie anziehen – kreative und unabhängige Aufgaben sprechen sie grundsätzlich mehr an. Motiviert und voller Tatendrang beginnen sie mit ihren Aufgaben und neigen dazu, sich in diesen zu verzetteln. Ein klares und festgelegtes Ziel, auf welches diszipliniert hingearbeitet wird, fehlt zumeist.

Persönlichkeitseigenschaften: beziehungsorientiert, beeinflussend, begeisternd, emotional, gesprächig, anregend, optimistisch, spontan, gesellig, freundlich, nett, inspirierend, fröhlich, gewinnend, kontaktfreudig, verspielt, gesprächig, unterhaltsam.

Stetiger Stil

Menschen mit einem stetigen Verhaltensstil bemühen sich um ein organisiertes Umfeld ohne große Veränderungen und spontan auftretende Situationen. Eine stabile und harmonische Atmosphäre ist für sie von großer Bedeutung. Sie bevorzugen Sicherheit, klare Absprachen und ein von Streitigkeiten und Konkurrenzkämpfen befreites Umfeld. Personen mit einem stetigen Verhaltensstil sind meistens gute und geduldige Zuhörer und werden als treue und ruhige Mitarbeitende vom Team sowie den eigenen Vorgesetzten geschätzt. Eine Position als Teamleiter streben sie nur selten an, sie fühlen sich als Teammitglied sehr wohl. Sich selbst zu präsentieren ist für sie eine große Herausforderung. Sie fühlen sich darin nicht wohl und vermeiden jede Art von Reden oder Präsentationen. Geleistete Arbeit verdient ihrer Ansicht nach Anerkennung und Lob, ohne sich bewusst um dieses zu bemühen. Sie bevorzugen es, sich Fachwissen anzueignen oder spezifische Fähigkeiten zu entwickeln und weiter auszubauen. Für ihre Arbeit wählen sie eine ruhige und entspannte Atmosphäre, frei von Hektik und zeitlichem sowie leistungsbezogenem Druck.

Persönlichkeitseigenschaften: treu, loyal, hilfsbereit, teamfähig, unterstützend, bescheiden, bewahrend, geduldig, pragmatisch, zuverlässig, ausgleichend, entspannt, aufmerksam, beständig, rücksichtsvoll, gutmütig, einsichtig, mitfühlend, verbindlich.

Gewissenhafter Stil

Menschen mit einem gewissenhaften Verhaltensstil benötigen Ordnung, Disziplin und klar definierte Grenzen – eine sachliche und strukturierte Atmosphäre. Nur in einem solchen Umfeld fühlen sie sich wohl und können ihre Arbeit in stets höchster Qualität erledigen. Aufgabenstellungen werden im Detail betrachtet, analysiert und mit großer Sorgfalt angegangen; eine Herangehensweise, welche sie bei allen an sie gestellten Aufgaben unabhängig vom individuellen Stellenwert anwenden. Die resultierende Qualität steht für sie immer an der ersten Stelle. Erwartungen, Vorgaben und Grenzen sollten diesem Verhaltensstil nach klar definiert sein und entsprechend eingehalten werden. Sie streben gewöhnlich keine Führungsposition an, sind zumeist auf ihren Fachbereich fokussiert. Ihre Vorgesetzten sollten jedoch ebenfalls mit fachlicher Kompetenz zu überzeugen wissen und die Fähigkeiten und Leistungen von gewissenhaften Personen schätzen.

Persönlichkeitseigenschaften: hohe Maßstäbe, detailorientiert, selbstdiszipliniert, vorsichtig, analytisch, logisch, systematisch, genau, reserviert, gründlich, beherrscht, akkurat, vorausplanend, reserviert, vorsichtig.

Zwei-Dimensionen-Modell

Das in der folgenden Graphik dargestellte Zwei-Dimensionen-Modell ist eine weitere Hilfestellung für die Anwendung der DISG-Verhaltensanalyse. Die vier grundlegenden Verhaltenstendenzen können auf einfache Art und Weise in zwei Kategorien unterteilt werden. Diese Unterteilung erfolgt, entsprechend dem Namen Zwei-Dimensionen-Modell, mit Hilfe der Dimensionen Beziehung und Kontrolle. Die Graphik verdeutlicht die jeweiligen Ausprägungen der vier Grundtypen zu zwischenmenschlichen Beziehungen und dem Verlangen nach persönlicher Kontrolle vom eigenen Umfeld.

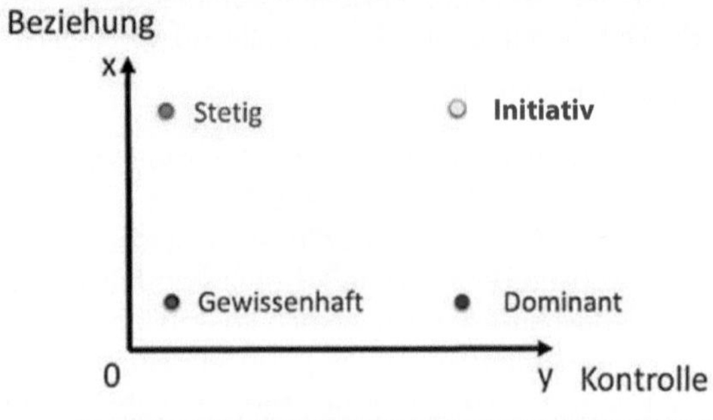

Zum DISG-Modell haben Sie eine erste theoretische Einführung erhalten. Lassen Sie uns Ihr neu erworbenes theoretisches Wissen an Hand einer kleinen Übung praktisch anwenden. Denken Sie an den beruflichen Kontext. In welchen Berufsgruppen sehen Sie die jeweiligen Verhaltenstypen – beziehungsweise, welchen Fachbereich würden Sie den einzelnen Verhaltenstendenzen zuweisen? Denken Sie einige Minuten darüber nach und notieren Sie Ihre Gedanken nicht überstürzt. Bei einer jeden Fragestellung, Analyse von Dritten oder einzelner Situationen sowie Gegebenheiten sollten Sie sich die Frage stellen, ob Ihr erster, vermeintlich sicherer Gedanke rational begründet ist. Unsere persönliche subjektive Wahrnehmung trübt die Fähigkeit der rationalen Bewertung und argumentativen Analyse. Selbstverständlich ist die Aussage hierzu einfacher als die tatsächliche Umsetzung, doch seien Sie sich dessen bewusst und bemühen Sie sich zukünftig, eine jede These selbstständig anzuzweifeln und rational zu hinterfragen. Doch genug der Worte für diesen Moment, beantworten Sie die obige Fragestellung und wenden Sie Ihr neues Wissen praktisch an.

- Dominanter Verhaltenstyp

____

____

- Initiativer Verhaltenstyp

____

____

- Gewissenhafter Verhaltenstyp

____

____

- Stetiger Verhaltenstyp

____

____

Sie haben sich erste Gedanken im Zusammenhang mit der DISG-Verhaltensanalyse gemacht und den jeweiligen Verhaltenstendenzen mögliche Berufsgruppen zugeordnet. Lassen Sie uns diese gemeinsam in einer kurzen Zusammenfassung und einigen Beispielen von meiner Seite betrachten.

Gewissenhafter Verhaltenstyp – Beginnen wir mit dem gewissenhaften Verhaltenstyp. Diese Person zeichnet eine sehr genaue und strukturierte Herangehensweise im privaten und beruflichen Leben aus. Idealtypische Berufe wären beispielsweise Steuerberater, Programmierer oder Wissenschaftler; Aufgabenbereiche, in denen ein hoher Grad an Detailarbeit notwendig ist und in denen es nur eine richtige und optimale Lösung geben kann. Genauigkeit und Struktur sind diesem Verhaltenstyp besonders wichtig, konzentriertes Arbeiten eine Voraussetzung.

Stetiger Verhaltenstyp – Stetige Verhaltenstypen sind zumeist in Berufen vorzufinden, in denen ein hohes Maß an zwischenmenschlicher Nähe gefragt ist. Gute Beispiele hierfür sind pädagogische Berufe wie Lehrer, Erzieher oder Sozialarbeiter. Das Bedürfnis nach einer positiven Arbeitsatmosphäre, in der die geleistete Arbeit gesehen und anerkannt wird, ist diesem Verhaltenstyp nach dem DISG-Modell sehr wichtig. Führungspositionen werden zumeist nicht angestrebt, die menschliche Interaktion und ein harmonisches Miteinander sind wichtiger als eine perfekt ausgeführte Aufgabe, wie beispielsweise im Finanzwesen üblich. Stetige Menschen arbeiten sehr gerne im Team, übernehmen aber nur selten die Führung oder ergreifen offen das Wort, um die Zielrichtung vorzugeben.

Initiativer Verhaltenstyp – Personen mit einer initiativen Verhaltensausprägung ist die Aufmerksamkeit ihrer Kolleginnen und Kollegen und die Interaktion mit ihnen sehr wichtig und bei der Wahl ihres Berufes von großer Bedeutung. Ein extrovertiertes Verhalten mit einer starken Ausprägung zur zwischenmenschlichen Interaktion – ähnlich dem stetigen Verhaltenstyp, beispielsweise in pädagogischen Berufen als Lehrer, Mentor, Trainer oder Ähnliches vorzufinden. Gerne ergreifen sie das Wort und übernehmen die Leitung ihres Teams. So sind initiative Personen auch vermehrt in Führungspositionen vertreten. Ihre starke zwischenmenschliche Herangehensweise lässt sie schnell eine entsprechende Bindung zu den eigenen Mitarbeitenden aufbauen.

Dominanter Verhaltenstyp – Dominante Verhaltenstypen haben eine sachbezogene Orientierung, ähnlich dem gewissenhaften

Verhaltenstyp. Darüber hinaus sind sie aber gerne in der Führung vertreten und möchten auf ihre Mitarbeitenden und den allgemeinen arbeitsbezogenen Prozess (oder „Arbeitsprozess") Einfluss nehmen. Politiker, Berater, Controller, Vertriebler oder Rechtsanwälte sind gute Beispiele für die Berufswahl einer dominanten Person. Sehr sachorientiert gehen sie Herausforderungen an und scheuen keine Hürde auf ihrem Weg. Die menschliche Komponente kann bei der sachbezogenen Sichtweise und Prozessgestaltung etwas zu kurz kommen.

Resümee – In einer jeden Berufsgruppe sind selbstverständlich Personen mit unterschiedlichen Verhaltenstendenzen vertreten. Diese erste grobe Einteilung dient Ihnen der allgemeinen Orientierung und Sensibilisierung hinsichtlich der Verhaltensunterteilung nach dem DISG-Modell. Betrachten Sie Ihr Arbeitsumfeld mit Hilfe dieses Modells und Sie werden schnell entsprechende Differenzierungen im Verhalten Ihrer Kolleginnen und Kollegen feststellen. Sie werden lernen, Handlungen und getroffene Aussagen besser einschätzen und beurteilen zu können, diese in den Kontext der jeweiligen Situation und Person zu setzen und Ihre individuellen Schlüsse daraus zu ziehen.

Persönliche Verhaltensanalyse nach DISG

Im Lauf der Zeit werden Sie Ihr Wissen über das DISG-Modell, die Analyse sowie die Wertung von Verhalten weiter spezifizieren und sicherer anwenden können. Nehmen Sie sich hierfür ausreichend Zeit und führen Sie Wertungen nicht überstürzt durch. Je mehr wertende Informationen und Eindrücke aus verschiedenen Situationen Ihnen vorliegen, desto rationaler und begründeter können Sie diese analysieren und deuten. Voreilige Entscheidungen und eine zu hohe Sicherheit über die eigenen Kompetenzen führen letztendlich zu Fehleinschätzungen. Hierbei besteht die Gefahr des Schubladendenkens – eine falsch getroffene Analyse führt dazu, dass wir Dritte auch zukünftig falsch bewerten und ihnen gegenüber falsch auftreten.

Ein wichtiger nächster Schritt ist, dass Sie sich mit Ihrer eigenen Person intensiver auseinandersetzen. Erst das ehrliche Bewusstsein über die eigene Person, die eigene Persönlichkeit und die Beweggründe des individuellen Verhaltens ebnen Ihnen den Weg, an den persönlichen Stärken und Schwächen bewusster zu arbeiten. Dritte im Unklaren zu lassen ist nicht kompliziert, jedoch sich selbst zu täuschen klappt zumeist nur für eine gewisse Zeit. Sie sind Ihres Glückes Schmied! So beginnen Sie damit, ehrlich zu sich selbst zu sein und entsprechend effektiv und effizient an sich zu arbeiten.

> „Wie würden Sie Ihr eigenes Verhalten einschätzen?"

Haben Sie eine dominante Veranlagung, sind Sie eine initiative Persönlichkeit oder doch eher im stetigen oder gewissenhaften Verhaltensbereich? Welche der vier Verhaltenstendenzen weist bei Ihnen die primäre und welche die sekundäre Dominanz auf? Seien Sie sich stets bewusst, dass mindestens zwei Verhaltenseinflüsse das Verhalten einer jeden Person prägen. Die primäre, welche vordergründig und zumeist am Anfang zu erkennen ist, sowie eine sekundäre, die beim näheren privaten Kennenlernen oder beispielsweise im Rahmen der beruflichen Zusammenarbeit klarer zu erkennen ist.

An dieser Stelle ein kurzer Hinweis, bevor Sie sich an die Arbeit machen. Differenzieren Sie Ihre Analyse und Wertung der eigenen Person in zwei Bereiche, in den privaten und in den beruflichen Kontext. Die Erfahrung der vergangenen Jahre hat mir immer wieder deutlich vor Augen geführt, dass Menschen sich im beruflichen Kontext für gewöhnlich anders verhalten als im privaten Umfeld. Denken Sie für einen Moment an die einleitenden Worte dieses Kapitels zurück:

> „In der Verhaltensstruktur nach dem DISG-Modell ist jede Verhaltenstendenz aus den vier Bereichen vorhanden – die Differenzierung findet nach der in ihr vorkommenden Intensität statt. Bei den meisten Menschen herrschen mindestens zwei der vier Verhaltensweisen vor."

Denken Sie ausführlich nach und übereilen Sie Ihre Antworten nicht. Jene ersten Gedanken und Situationen, die Ihnen direkt vor Augen erscheinen, sind nur ein sehr kleiner Auszug Ihrer Person. Sie werden verständlicherweise primär an die nach Ihrer Meinung positiven Aspekte denken und sich selbst im optimalen Licht darstellen wollen. Seien Sie sich dessen im Klaren und lassen Sie sich nicht täuschen. Reflektieren Sie die vergangenen Jahre aus privater und beruflicher Sicht. Seien Sie ehrlich zu sich, nur so gelingt Ihnen die optimale Einschätzung des Ist-Zustands und die darauffolgende zielgerichtete Weiterentwicklung.

Aufgabe – Tragen Sie in die folgenden Zeilen Ihre Überlegungen ein und greifen Sie diese von Zeit zu Zeit wieder auf. Gehen Sie daraufhin über Ihre Notizen und überlegen Sie, ob Sie auch zum zukünftigen Moment der gleichen Meinung sind oder Anpassungen vornehmen würden.

Die Anwendung des DISG-Modells auf reale Personen ist verständlicherweise nicht einfach und mit Fehlerquellen bestückt. Unter anderem aus diesem Grund ist es mir wichtig, Ihre Fähigkeiten in der praktischen Anwendung weiter zu verbessern und Sie stetig zu fordern. Je besser Sie vorbereitet sind, desto sicherer und genauer werden Sie im beruflichen und privaten Umfeld die jeweiligen Verhaltensanalysen vornehmen. Dieses Buch ist speziell auf Sie als junge Führungskraft ausgerichtet. Wie Sie zukünftig effektiv und effizient als Führungskraft auftreten, mit Ihren Mitarbeitenden interagieren können und die gesetzten Ziele erfolgreich erreichen. Denken Sie Ihre letzten Anstellungen, es können Aushilfstätigkeiten gewesen sein, ein Nebenjob in der Gastronomie oder eine Werkstudententätigkeit parallel zum Studium. Wenn Sie nun Ihre alten oder möglicherweise aktuellen Führungskräfte vor Augen haben – wie würden Sie diese charakterisieren? Nicht in ihren individuellen Fähigkeiten als Führungskraft, sondern in Bezug auf das DISG-Verhaltensmodell? Reflektieren Sie die vergangenen Erfahrungen mit der entsprechenden Person, im Idealfall über einen längeren Zeitraum. Je mehr Situationen Sie zur Wertung hinzuziehen können, umso sicherer und fundierter wird Ihr Analyseergebnis werden. Auch an dieser Stelle der kurze Hinweis: Sie müssen die Aufgabe nicht direkt und innerhalb weniger Minuten erledigen. Nehmen Sie sich Zeit hierfür. Machen Sie gerne zum Anfang nur einige Notizen und denken Sie einige Tage über Ihre Erkenntnisse nach.

Sind Sie sich Ihrer Wertung sicher, so formulieren Sie diese, stets mit Beispielen unterlegt. Erst die zugehörigen Beispiele formen Ihre Aussagen zu belegbaren Schlussfolgerungen, und Sie vermeiden subjektive Fehlurteile.

Wenn Sie nun Ihre eigenen Worte betrachten – würden Sie Ihre ehemalige Führungskraft als gut oder eher schlecht in ihrer Position beurteilen? Eine Frage, die bei Berücksichtigung Ihrer ehemaligen Kolleginnen und Kollegen einheitliche Antworten hervorrufen kann, aber auch zu differenzierten Ansichten führen könnte. Abhängig vom Menschen, seiner Persönlichkeit und den individuellen Wertvorstellungen fallen persönliche Urteile und Empfindungen zum Teil sehr unterschiedlich aus. Entsprechend können Personen, Situationen, Verhalten oder Ähnliches verschiedene Meinungen hervorrufen. Doch zurück zur Frage – wie würden Sie die analysierte Person abschließend beurteilen? Ein interessanter weiterführender Gedanke ist auch der folgende: Hatten Ihre Kolleginnen und Kollegen die gleiche Meinung wie Sie oder haben Sie jene Führungskraft anders wahrgenommen? Versuchen Sie nicht direkt eine Antwort darauf zu finden. Reflektieren Sie die vergangenen Erlebnisse und Erfahrungen in Ruhe, nehmen Sie sich hierfür einige Tage oder sogar einige Wochen Zeit. Im Verlauf dieses Buches werden Sie Ihre persönliche Wahrnehmung weiter verbessern und neue Herangehensweisen erlernen – möglicherweise ändert sich im Lauf der Zeit auch die ein oder andere Ihrer Antworten.

Stärken & Schwächen von Verhaltensstilen

Erweitern wir Ihre rationale analytische Herangehensweise mit Hilfe des DISG-Modells um die Komponente der Wertung. Vorsicht ist besser als Nachsicht und sollte gerade bei subjektiven Elementen wie der Wertung von Ihnen stets berücksichtigt werden.

Es handelt sich hierbei um eine subjektive Einschätzung von rational begründbaren Verhaltenstendenzen. Es vermag Ihnen im ersten Moment nicht der Logik entsprechend erscheinen, doch betrachten wir die Herangehensweise aus einer anderen Perspektive. Betrachten wir sie unter Berücksichtigung Ihrer ersten Erfahrung mit dem DISG-Modell und Ihrer bisherigen Erfahrung bei der Einschätzung von Menschen, vor allem von Führungskräften im beruflichen Kontext. Erscheint es für Sie einfacher, eine Analyse gemäß dem DISG-Modell vorzunehmen oder die einzelnen Stärken und Schwächen einer Person durch langfristige Beobachtung und das Filtern sowie Auswerten einzelner Situationen und Ereignisse vorzunehmen? Einer der großen Vorteile der Verhaltensanalyse ist, dass im Verhältnis zu anderen Analysemöglichkeiten eine geringere Anzahl von Beobachtungen zur fundierten Einschätzung ausreichen und vermeintlich unbedeutende Verhaltenszüge und Interaktionen bereits Rückschlüsse auf die primäre und sekundäre Verhaltenstendenz der jeweiligen Person ermöglichen. Auf diese Art und Weise nähern Sie sich der vermeintlich subjektiven Einschätzung von Stärken und Schwächen über eine rational begründbare Einschätzung. Beginnen Sie mit Ihren Überlegungen im Folgenden und lesen Sie erst im Anschluss daran weiter – im unteren Verlauf habe ich Ihnen eine kurze Zusammenfassung meinerseits vorbereitet.

Aufgabe – Betrachten Sie die vier primären Ausrichtungen im Folgenden als Führungskraft. Welche Stärken und Schwächen haben Ihrer Meinung nach die dominante, die initiative, die stetige und die gewissenhafte Führungskraft?

- Stärken und Schwächen von dominanten Führungskräften

____

____

____

____

____

- Stärken und Schwächen von initiativen Führungskräften

____

____

____

____

____

- Stärken und Schwächen von stetigen Führungskräften

____

____

____

____

____

- Stärken und Schwächen von gewissenhaften Führungskräften

____

____

____

____

____

Stärken & Schwächen der DISG-Verhaltenstendenzen

Ich habe Ihnen eine kurze Übersicht der möglichen Stärken und Schwächen einzelner Verhaltensstile in ihrer jeweiligen Rolle als Führungskraft zusammengefasst. Wie anfangs bereits erwähnt, sollten Sie stets beachten, dass es sich hierbei um keine zu hundert Prozent sichere Aussage handelt. Ein jeder Mensch unterscheidet sich in seiner persönlichen Vielfalt von allen anderen Personen. Die Verhaltensanalyse ist ein sehr dienliches Werkzeug zur Orientierung, kann individuelles Verhalten jedoch nie genau vorhersagen. Zu viele Einflüsse und Erfahrungen der Vergangenheit und Gegenwart wirken auf uns ein und lassen menschliches Verhalten ein großes Rätsel bleiben. Nichtsdestotrotz haben Sie mit Hilfe des DISG-Modells einen guten Ansatz für die zukünftige Arbeit.

Stärken und Schwächen von dominanten Führungskräften – Dominante Personen haben einen klaren Blick auf das Detail, sie sind sachorientiert und haben einen starken Fokus auf die Arbeit als neutrales Subjekt. Was im ersten Moment als Stärke erscheint, kann ebenso als Schwäche oder entsprechende Herausforderung im Umgang definiert werden. Eine sachorientierte Fokussierung schließt für gewöhnlich die Wahrnehmung von subjektiven Empfindungen anderer Beteiligten aus. Eine Aufgabe wird als zu lösende Problemstellung betrachtet, die effektiv und effizient angegangen werden muss. Die persönlichen Empfindungen von Mitarbeitenden, wie beispielsweise Stress, Belastung, Überforderung oder Ähnliches, werden leider oftmals übersehen und nicht beachtet.

Dominante Führungskräfte wissen, was sie wollen und wie sie es entsprechend erreichen können. Zielstrebig gehen sie auf ihr Ziel zu und lassen sich von nichts abhalten. Auch diese Eigenschaft birgt eine Schwäche, auch hier wird die zwischenmenschliche Ebene zumeist ausgeblendet. Erfolgsorientiert gehen diese Personen Schritt für Schritt nach vorne und meiden dabei keine Konfrontation oder beruflichen Wettkampf, in welchem sie stets als Sieger vom Platz gehen möchten. Sie treten gerne nach vorne, übernehmen die Führung, verteilen Aufgaben und haben den Blick für das große Ganze.

Als Führungskraft, rein von der neutralen und sachorientierten Ebene betrachtet, sind dominante Personen die geborenen Führungskräfte.

Ihr klares Defizit wird im zwischenmenschlichen Umgang leider sehr deutlich – Aufgabenstellungen und die gesetzten Ziele erhalten zumeist den Vorrang, Mitarbeitende werden als selbstverständlich betrachtet und mit der eigenen Person und den hohen Ansprüchen verglichen.

Handhaben Sie dominante Personen auf einer professionellen Ebene – private Gespräche und persönliche Informationen sind für gewöhnlich nur schwer zu entlocken. Erhalten Sie nicht die für Sie sonst übliche offene Reaktion seitens Kolleginnen und Kollegen, so machen Sie sich nicht zu viele Gedanken. Reflektieren Sie die Aspekte von dominantem Verhalten und betrachten Sie die jeweiligen Situationen und Gegebenheiten daraufhin erneut.

Stärken und Schwächen von initiativen Führungskräften – Initiative Führungskräfte zeichnen sich durch einen kollegialen und persönlichen Bezug zum Team aus. Ähnlich der dominanten Verhaltenstendenz übernehmen sie gerne die Führung einer Gruppe und möchten stets ihre persönliche Meinung einbringen. Gerne umgeben sie sich mit ihren Mitarbeitenden sowie Kolleginnen und Kollegen, suchen das offene Gespräch und die Arbeit im Team. Das betont menschliche Verhalten ist als große Stärke der initiativen Personen zu betrachten, vermag jedoch auch zur Schwäche zu werden. In ihrer subjektiven Wahrnehmung ist der persönliche und offene Umgang mit anderen Menschen unabdingbar und für ein harmonisches Miteinander besonders wichtig. Hier besteht die Gefahr, dass die spezifischen Verhaltensweise Dritter nicht verstanden und entsprechend falsch gedeutet werden. Erhalten sie nicht die erwartete Rückmeldung auf ihre offene Art, so fühlen sie sich abgelehnt und nicht verstanden. Es entsteht eine subjektive Unstimmigkeit, die rational nur schwer aufzuarbeiten und auf reinen Missverständnissen begründet ist. Das Bedürfnis der menschlichen Interaktion und Nähe ist, im Kontext der Führungskraft, eine positive Eigenschaft. Der Nachteil hierbei ist, dass zu schnell der Fokus von der eigentlichen Aufgabenstellung abweicht und der möglicherweise notwendigen, detaillierten und genauen Herangehensweise keine Priorität zukommt. Ähnlich den dominanten Führungspersonen ist der initiative Verhaltensstil geprägt von positiven und negativen Seiten einzelner Aspekte. Erst die individuelle Erfahrung auf ihrer und der Gegenseite, im Umgang mit diesen, ist entscheidend für den Erfolg oder Misserfolg als Führungspersönlichkeit. Für gewöhnlich werden initiative Führungskräfte als positiv wahrgenommen und für ihre zwischenmenschliche Art und Weise geschätzt.

Handhaben Sie initiative Personen auf einer beziehungsorientierten Ebene. Diesem Verhaltensstil sind der zwischenmenschliche Kontakt und die entsprechende Interaktion auch im beruflichen

Kontext von großer Bedeutung. Seien Sie nicht zu direkt in Ihrer Art und bemühen Sie sich um eine ausgewogene und angenehme Atmosphäre. Nutzen Sie das kurze Gespräch bei einem Kaffee oder in der Mittagspause, um mehr über diese Person zu erfahren, und sprechen Sie nicht ausschließlich arbeitsbezogene Themen an.

Stärken und Schwächen von stetigen Führungskräften – Stetige Führungskräfte sind eher selten anzutreffen. In ihrer sehr zwischenmenschlichen Art und Weise ist die Führung Dritter, die Verteilung von Aufgaben, die mögliche Disziplinierung sowie die Lösung von potenziellen Konfrontationen nicht ihre Intention. Sie sind gute Kolleginnen und Kollegen, hören aufmerksam zu, stehen mit Rat und Tat zur Seite und hegen für gewöhnlich keine bösen Absichten. Ihre zurückhaltende Art birgt die Gefahr, ausgenutzt und übergangen zu werden. Nur ungern treten sie nach vorne und suchen die Aufmerksamkeit anderer Teammitglieder und der direkten Vorgesetzten. Sehr stark in zwischenmenschlichen Belangen, jedoch eher als schwach in der Führung von Mitarbeitenden anzusehen. Konfrontationen sind ihnen zuwider und Wettkämpfe aller Art eine unnötige Verhaltensweise.

Handhaben Sie stetige Personen ähnlich dem initiativen Verhaltensstil auf einer beziehungsorientierten Ebene. Bemühen Sie sich um ein harmonisches und eher freundschaftliches Verhältnis mit stetigen Kolleginnen und Kollegen. Reduzieren Sie Ihre Arbeitsbeziehung keineswegs auf rein unternehmensbezogene Themenbereiche. Agieren Sie nicht oberflächlich und bewerten Sie stetige Personen keineswegs ausschließlich unter leistungsbezogenen Aspekten. Je persönlicher und ehrlicher Sie auftreten, desto besser werden Ihr Kontakt und die Zusammenarbeit sein.

Stärken und Schwächen von gewissenhaften Führungskräften – Gewissenhafte Führungskräfte sind sehr auf die Aufgabestellung konzentriert, ihr klarer Fokus ist die Sachebene. Ähnlich dem stetigen Führungsstil vermelden gewissenhafte Führungskräfte für gewöhnlich nur selten eine disziplinarische Karriere. Ihre sachorientierte Einstellung und die Präferenz von genauen Aufgabenstellungen und arbeitsbezogenen Strukturen führen zumeist zu fachspezifischen Karriereverläufen. Der zwischenmenschlichen Interaktion wird für gewöhnlich kein hoher Stellenwert beigemessen, persönliche Nuancen absichtlich nicht berücksichtigt oder übersehen. Mitarbeitende von gewissenhaften Führungskräften bemängeln ein Defizit an Empathie und Sympathie im beruflichen Alltag. Auf der anderen Seite lässt sich diese Charaktereigenschaft oder Verhaltensweise als Stärke betrachten, wenn Sie an die Wertung und Einschätzung von Mitarbeitenden auf einer professionellen Ebene denken. Ihre Stärke ist es, rational und von Emotionen befreit zu handeln und Richtungen im unternehmerischen sowie personellen Kontext zu treffen.

Handhaben Sie gewissenhafte Personen auf eine rationale Art und Weise. Seien Sie sich im Klaren, dass dieser Verhaltensstil eine sehr rationale und fachbezogene Sichtweise hat. Beziehungsorientierte Aspekte sind diesen Mitarbeitenden nicht von Bedeutung und werden entsprechend nur selten angestrebt. Auf eine Frage folgt eine klare Antwort, auch wenn diese nicht das erwartete Resultat des Fragenden ist. Nehmen Sie Ihrer Einschätzung die Emotion und urteilen Sie durch die Augen einer gewissenhaften Person – sachorientiert und leistungsbezogen.

Eine Stärke ist nicht immer eine Stärke und eine Schwäche nicht immer eine Schwäche.

Eigenanalyse – Stärken & Schwächen

Ich habe Ihnen bereits früher in diesem Buch geschrieben, dass Dritte, vor allem im beruflichen Umfeld, hinsichtlich der eigenen Person, mit entsprechender Erfahrung leicht zu täuschen sind. Das eigene Verhalten ist wandelbar und in der Lage, sich mit entsprechender Übung und dem nötigen Fingerspitzengefühl anderen Personen spezifisch anzupassen. Es besteht die Gefahr, dass all der mühsam aufgebaute Schein enttarnt wird oder Sie eine unnatürliche Verhaltensweise entwickeln, die andere dazu bringt, sich von Ihnen zu distanzieren. Es ist mir ein Anliegen, Ihnen diese These erneut bildlich vor Augen zu führen. Gehen Sie den Weg der Ehrlichkeit, arbeiten Sie hart und konsequent an der eigenen Person und Ihnen werden weit mehr Wege offenstehen als mit Hilfe von

Lügen und Intrigen. Diese These führt mich zu einer weiteren Frage an Sie, die Sie bitte in einem ruhigen Moment und ehrlich sich selbst gegenüber beantworten.

Unter Betrachtung Ihrer Person als Führungskraft: Wo sehen Sie Ihre individuellen Stärken und Schwächen? Bemühen Sie sich um einen Perspektivenwechsel – versuchen Sie sich mit den Augen Ihrer Mitarbeitenden zu betrachten und die Fragestellung zu beantworten. Durch die subjektive Empfindung Dritter, gesehen aus ihrer Perspektive – welche Stärken und Schwächen weisen Sie als Führungskraft auf? Übereilen Sie die Beantwortung nicht, lassen Sie sich gerne etwas Zeit hierfür. Kritisch hinterfragende Analysen von Fähigkeiten und Verhalten der eigenen Person sind die Ausgangslage für Ihre zukünftige Arbeit mit sich selbst. Führen Sie diese Aufgabe entsprechend in Ruhe und wohl überlegt, nach der Reflektion der vergangenen Jahre, durch.

- Stärken

____

____

____

____

____

- Schwächen

____

____

____

____

____

Vorsicht statt Nachsicht

„Vorsicht ist besser als Nachsicht." Dieser Einstellung entsprechend ist es ratsam, im Vorfeld zu wissen, welche Herausforderungen und potenzielle Ablehnungen der eigenen Person gegenüber auftreten können. Eine Frage, der wir uns verständlicherweise nicht gerne stellen und über die wir zumeist nicht nachdenken. Auf der anderen Seite sollten Sie sich bewusst machen, dass es gerade die differenzierte Herangehensweise an scheinbar elementare Sachen wie die zwischenmenschliche Kommunikation im Büro ist, welche den signifikanten Unterschied zwischen guten und weniger kompetenten Führungskräften ausmacht. Je besser Sie im oder für das Berufsleben vorbereitet sind, desto zielgerichteter können Sie im Vorfeld handeln oder in der eintreffenden Situation darauf reagieren. Betrachten Sie die vier Verhaltenstendenzen nach dem DISG-Modell, so erkennen Sie Verhaltensmerkmale und allgemeine Ausrichtungen in Arbeitsweisen und persönlichen Interessen. Eine sehr interessante, jedoch komplizierte Fragestellung ist, wie sich die einzelnen Verhaltenstypen Ihnen gegenüber, in negativer Form, verhalten könnten. Hierbei berücksichtigen Sie potenziell auftretende Hürden, bedingt durch Ihr jüngeres Alter oder im allgemeinen Sinne. Eine solche Fragestellung erscheint im ersten Moment sehr abstrakt und kompliziert in der Beantwortung, doch birgt die intensive Befassung mit dieser Thematik viele Vorteile für Ihre Tätigkeit als Führungskraft.

Einerseits können Ihre individuellen Verhaltenszüge bei Ihren Mitarbeitenden zu gewissen Herausforderungen in der täglichen Zusammenarbeit führen, z.B. bei der Delegation von Aufgaben oder in der kooperativen Erledigung von Projekten.

Auf der anderen Seite sollten Sie sich bewusst machen, dass nicht alle Ihrer Kolleginnen und Kollegen mit Ihnen als Mensch oder als Führungskraft einverstanden sein werden. Es kann zu persönlichen Differenzen oder zur Ablehnung auf Grund übergeordneter Ziele kommen, wie beispielsweise der Erreichung Ihrer Position. Ebenfalls kann beispielsweise Neid ein starker Antrieb für die unterschiedlichsten Taten und Aussagen sein. Grund für persönliche Ablehnung kann ebenfalls sein, dass Sie eine bestimmte Person innerbetrieblich „blockieren", oder diese Person zumindest dieser Meinung ist.

Diese Thesen sind in der Darstellung stark subjektiv und abstrakt. Je intensiver Sie sich jedoch mit den einzelnen Möglichkeiten auseinandersetzen, desto besser sind Sie für Ihre Zukunft als Führungskraft vorbereitet und können notwendige Vorkehrungen treffen oder sich gegenüber diesen Mitarbeitenden auf eine angepasste Art und Weise verhalten.

Gehen Sie die folgende Aufgabe, basierend auf den im Vorfeld genannten Fragestellungen, nicht überstürzt an. Reflektieren Sie Ihre Vermutungen im Detail und bemühen Sie sich um rational begründbare Beispiele oder Hypothesen entsprechende Verhaltenszüge betreffend.

Zusammenfassende Fragestellung – Bedingt durch individuelle Verhaltenstendenzen und persönliche Verhaltensmuster – welche Herausforderungen können im Kontext der 4 Verhaltenstypen nach DISG im Berufsleben auf Sie zukommen? Welche persönlichen Intentionen der einzelnen Verhaltensmuster können bei Ihrer Tätigkeit als Führungskraft zu spezifischen Problemstellungen führen?

- Potenzielle Herausforderungen mit dominanten Mitarbeitenden

____

____

____

____

____

- Potenzielle Herausforderungen mit initiativen Mitarbeitenden

____

____

____

____

- Potenzielle Herausforderungen mit stetigen Mitarbeitenden

____

____

____

____

____

- Potenzielle Herausforderungen mit gewissenhaften Mitarbeitenden

____

____

____

____

____

Die Antwortmöglichkeiten an dieser Stelle sind sehr vielfältig. Die von Ihnen aufgestellten Vermutungen basieren auf potenziellen persönlichen Intentionen und Beweggründen einzelner Personen, abgeleitet nach dem DISG-Verhaltensmodell. Durch die jeweiligen emotionalen Komponenten in den spezifischen Einstellungen und Zielvorstellungen einzelner Menschen, handelt es sich hierbei um eine sehr spezifische Thematik, welche im Umkehrschluss zu vagen Hypothesen führt. Für Sie von Bedeutung ist, dass eine erste grobe Einschätzung potenzieller Problemstellungen und Hürden vor Beginn einer entsprechenden neuen Position möglich ist. Diese ermöglicht Ihnen eine Orientierung und resultiert in höherer Konzentration und Vorsicht.

„Vorsicht ist besser als Nachsicht." – der Leitsatz dieses Unterkapitels soll Sie dazu bewegen, Personen stets aus differenzierter Sicht zu betrachten. Auch negative Hürden, persönliche Intentionen und Zielvorstellungen Ihnen gegenüber sind leider eine Thematik, mit der Sie sich frühzeitig auseinandersetzen sollten. Sind Ihnen diese spezifischen Herausforderungen im Vorfeld bewusst, haben Sie die Möglichkeit, Ihr Verhalten darauf aufbauend anzupassen? Durch die Individualisierung Ihres persönlichen Verhaltens und der daraus resultierenden Arbeitsweise erhalten Sie einen größeren Rückhalt seitens Ihrer Mitarbeitenden und können die vor Ihnen liegende Arbeit effektiv und effizient im Team bewältigen.

Subjektive Wahrnehmung – Stärken & Schwächen

Die Vielfalt von Emotionen und Wahrnehmungen, die uns als Mensch auszeichnen, ist faszinierend. Wird eine bestimmte Situation von verschiedenen Personen betrachtet und gewertet, können hieraus die unterschiedlichsten Ergebnisse resultieren. Sehr ähnlich könnte es mit Ihren oberen Formulierungen vonstatten gehen. So sicher Sie sich auch einer Äußerung über die eigenen Fähigkeiten, das eigene allgemeine Verhalten oder den individuellen Führungsstil sind, so wird es in diesem Zusammenhang stets auch divergente Meinungen geben.

Zum Anfang dieses Buch habe ich Ihnen Beispiele aus der freien Marktwirtschaft und dem öffentlichen Dienst beschrieben – schlechte Führungskräfte und weshalb diese leider auch weiterhin ihre Positionen innehaben. Erinnern Sie sich noch an das Beispiel des geschäftsführenden Gesellschafters? Falls nicht, blättern Sie einige Seiten zurück und überfliegen Sie die Ausführungen erneut. Die besondere Herausforderung bei der beschriebenen Person war ihre feste Überzeugung, eine gute Führungskraft zu sein und den eigenen Mitarbeitenden alle notwendigen Hilfestellungen zu bieten, um die persönlichen Fähigkeiten weiter auszubauen und die an sie gestellten Aufgaben effektiv und effizient ausführen zu können. Ich stelle nun eine provokante These auf und bitte Sie, diese rational zu betrachten und nicht wertend aufzufassen. Meine These ist, dass Ihre oben beschriebenen Stärken keine Stärken sind. Sie sind der Meinung, diese wären Ihre individuellen Vorzüge als Führungskraft, doch in Wirklichkeit werden diese negativ von Ihren Mitarbeitenden aufgenommen oder differenziert bewertet.

Hierbei handelt es sich um einen sehr prägnanten Perspektivenwechsel, welcher in der eigenen praktischen Anwendung nur schwer umzusetzen ist. Grund hierfür ist, dass Sie eine jede vermeintlich sichere Aussage und Wertung über die eigene Person in Frage stellen müssen. Diese sind neu zu betrachten, die negativen Elemente darin herauszufiltern und das neue Gesamtbild neutral zu analysieren sowie im Anschluss zu bewerten.

Theoretische Behauptungen und Thesen sind im Allgemeinen schwer auf die Praxis abzuleiten. Es bedarf bildlicher Beispiele, welche uns die entsprechenden Perspektiven aufzeigen und die daraus resultierenden Problematiken im Detail verdeutlichen. Betrachten Sie die folgenden Ausführungen und reflektieren Sie diese unter Bezug der im Vorfeld geäußerten These.

Selbstbewusstsein – Ein gutes Beispiel ist Selbstbewusstsein. Ist eine Person selbstbewusst, so steht diese für gewöhnlich im Mittelpunkt, vertritt sicher die eigene Meinung zu arbeitsbezogenen Themen und findet Gehör bei anderen Mitarbeitenden. In einer Runde oder bei Events fällt diese Person durch das eigene Auftreten auf und ist zumeist im engeren Kontakt mit leitenden Angestellten. Sie unterstützt zumeist ihre Kolleginnen und Kollegen mit Rat und Tat, leitet Arbeitsgruppen und bemüht sich um effektive und effiziente Lösungswege.

Die Kehrseite von Selbstbewusstsein oder einfach eine divergente Wahrnehmung ist Arroganz. Hochnäsiges und überhebliches Auftreten, beginnend beim Betreten des Büros, oder einer übertriebenen Körperhaltung. Ohne andere Mitarbeitende zu Wort kommen zu lassen, werden Äußerungen und persönliche Meinungen als Teamentscheidungen vorgestellt oder sogar Teamresultate als eigene Ergebnisse deklariert, um das Lob der Vorgesetzten zu erhalten. Ungefragt erhält jede Kollegin und jeder Kollege einen Rat, muss die eigene Arbeit stetig kritisieren und verbessern lassen. Die Führung von Teams wird ungefragt an sich gerissen und das eigene Konzept zur Lösungsfindung ohne Rücksicht auf die Meinung anderer Beteiligter durchgedrückt.

Doch seien Sie sich stets der Tatsache bewusst, dass Arroganz nicht einfach falsches Selbstbewusstsein ist, sondern eine subjektive Wahrnehmung durch die beobachtende Person. Die persönliche Empfindung einer einzelnen Situation oder auch eines einzelnen Wortes ist stets individuell. Eine einzelne Gegebenheit kann auf diverse Varianten interpretiert werden – damit einhergehend die jeweiligen Bezeichnungen, beispielsweise Selbstbewusstsein, Arroganz oder Stolz. Ein allgemein gehaltenes Beispiel, das die oben genannte These gut verdeutlicht.

Lassen Sie uns hierzu ein weiteres typisches Beispiel betrachten.

Perspektivenwechsel – Stärke: „Mitarbeitende haben jederzeit die Möglichkeit, bei Fragen auf mich zuzukommen." Sofern der Wahrheit entsprechend, eine sehr wichtige und zu schätzende Stärke bei einer jeden Führungskraft. Diese Aussage erfolgte durch ein Mitglied der Geschäftsleitung, das für alle Mitarbeitende im Projektmanagement eines kleinen Unternehmens verantwortlich war. Hatte jemand aus dem Kollegium eine Frage und wandte sich an besagte Person, so erfolgte die Antwort in einer extremen Geschwindigkeit und einer dominanten Tonalität, ohne auf Regungen, mögliche Bedürfnisse oder Zwischenfragen des Fragenden einzugehen oder auch nur Raum für diese zu lassen. Die Antwort wurde so kurz und kompakt wie möglich gegeben, weiterführende Hintergrundinformationen oder Ähnliches wurden nicht abgefragt. Nach Beendigung der Antwort folgte ein fixierender Blickkontakt und die Aussage: „Alles klar, oder? Da muss man nur mit gesundem Menschenverstand rangehen."

Der unsichere und verwirrte Blick der fragenden Person wurde nicht erkannt. Entsprechend war der Sachverhalt für die Führungskraft im positiven Sinne erledigt – es gab eine Frage und diese wurde selbstverständlich zielgerichtet und effizient beantwortet. Das weiterhin bestehende Unverständnis der fragenden Partei wurde im Rahmen der Interaktion nicht erkannt. Tritt ein Mitglied der Geschäftsleitung oder eine andere hohe Führungskraft einem „regulären" Mitarbeitenden gegenüber dominant auf und beantwortet eine Frage im schnellen Sprechtempo, ohne weitere Informationen abzufragen, ist davon auszugehen, dass Mitarbeitende ein erneutes Nachfragen trotz Unsicherheit oder Unverständnis vermeiden werden. Folglich werden zukünftige offene Fragen nicht mehr an die zuständige Führungskraft gerichtet und, daraus resultierend, schlechtere Arbeitsergebnisse in Kauf genommen.

Diese Ausführung verdeutlicht einen sehr bedeutenden Aspekt in der zwischenmenschlichen Kommunikation. Für eine Person vermeintlich einfache Fragestellungen werden nach seinem Wissens- und Erfahrungsstand beantwortet und entsprechend gewertet. Formulierungen wie „nach gesundem Menschenverstand" sind definitiv zu vermeiden. Sie erkennen die Problemstellung dieses realen Beispiels auf Anhieb, und doch ist es keine Seltenheit, dass oftmals solche Schwierigkeiten im beruflichen Alltag auftreten. Beantworten Sie eine Frage nicht aus der eigenen Perspektive, betrachten Sie die Problemstellung stets mit den Augen der fragenden Partei. Einige Aufgaben, die mich in der Vergangenheit eine Stunde kosteten, erledige ich zum heutigen Zeitpunkt in einem Bruchteil der Zeit. Grund hierfür ist die Wiederholung der Tätigkeit, das Sicher-Werden in der Umsetzung und die gesteigerte Erfahrung im Lauf der Zeit. Diese Denkweise sollten Sie als Führungskraft auch stets im Hinterkopf behalten, denn nicht ohne Grund sind Sie die Führungskraft, die leitet und persönliche sowie fachliche Hilfestellungen zu gewährleisten hat.

Resümee – Die Aufgaben einer Führungskraft sind vielfältiger Natur und bergen eine große Herausforderung und Verantwortung in sich. Bedenken Sie stets, Sie sind persönlicher und fachlicher Ansprechpartner Ihrer Kolleginnen und Kollegen und haben Sorge zu tragen, diese nach bestem Wissen und Gewissen zu unterstützen.

Persönliche Reflektion – Wenn Sie Ihre Notizen der letzten Aufgabe betrachten, Ihre individuellen Stärken und Schwächen: Mit dem Wissen der vergangenen Seiten und den daraus resultierenden Gedanken – wie würden Sie Ihre Stärken und Schwächen bewerten? Sind Sie sich deren immer noch so sicher wie zum Zeitpunkt des Aufschreibens? Besteht an der einen oder anderen Stelle die Möglichkeit, dass Sie zu sehr aus Ihrer persönlichen Sicht gewertet und die Ergebnisse formuliert haben? Wichtig: Das heißt nicht, dass Sie jetzt unbedingt einen Fehler in Ihren Aufzeichnungen finden müssen oder werden. Es handelt sich hierbei um ein kritisches

Hinterfragen der persönlichen und subjektiven Sichtweise auf bestimmte Rahmenbedingungen. Bemühen Sie sich um eine neutrale Bewertung der formulierten Aspekte – es ist kein einfaches Unterfangen, doch sehr bedeutend für Ihre zukünftige Arbeit als Führungskraft und die Weiterentwicklung von Sozialkompetenzen.

Ich habe Ihnen hierfür einige Zeilen vorbereitet – nehmen Sie die im Vorfeld notierten Stärken sowie Schwächen und versuchen Sie jeweils das Gegenteil hierzu in Ihren zugrunde liegenden Beispielen zu finden. Orientieren Sie sich an meiner ersten beispielhaften Ausführung zum Bereich „Selbstbewusstsein", jedoch entsprechend auf Ihr berufliches Umfeld angewandt.

- Stärken

____

____

____

____

- Schwächen

____

____

____

____

Subjektive Wahrnehmung – Unsere individuellen Stärken und Schwächen basieren auf der persönlichen subjektiven Wahrnehmung und sollten entsprechen mit Vorsicht betrachtet werden. Lassen Sie sich nicht zu voreiligen Feststellungen verleiten – hinterfragen Sie diese stets kritisch und in regelmäßigen Abständen. Eine jede Person durchlebt im Verlauf der Zeit eine Entwicklung entsprechend der individuellen Fähigkeiten. Je intensiver Sie an sich arbeiten, je neuer einzelne Themengebiete oder Arbeitspositionen für Sie sind, desto schneller erfolgt die Weiterentwicklung der eigenen Person. Nehmen Sie sich in regelmäßigen Abständen in einem ruhigen Moment etwas Zeit und betrachten Sie Ihre heutigen Notizen zu den obigen Aufgaben. Entsprechen Sie auch zukünftig diesen Formulierungen oder gibt es einzelne Teilbereiche, welche anzupassen wären? Hinterfragen Sie sich stets im Detail und nehmen Sie keine Annahmen als selbstverständlich an.

Analyse Dritter

Lerne Menschen wie offene Bücher zu lesen, erkenne das Vorwort und den Ausblick, den primären Inhalt und die Emotionen dazwischen. Erkenne, verstehe und handle – eine jede Tür wird Dir offen stehen, ein jeder sich Dein Gefolge nennen.

Wache auf und höre auf zu träumen! Nicht in den Dritten liegt die sehnlichst ersehnte Antwort, eine Erkenntnis auf all die Fragen und all das Unklare vor Deinen Augen.

Blicke in den Spiegel und lerne zu sehen, zu verstehen. Eine Reise an ein Ufer, welches viele nie erreichen werden, in der Ferne nicht erblicken, sich in keinem Traum auszumalen vermögen – und doch wäre es keine verlorene Reise. Den Wert erblicken wir zumeist erst im hohen Alter, in der Weisheit des Vergangenen, der Jahre, der Momente, des Erlebten.

Erst wer das eigene Handeln in seiner Reinheit und frei von subjektiven Eindrücken erkennt und versteht, vermag den Schritt in Richtung Dritter zu gehen.

Eine Meinung über Dritte beruht auf Eindrücken des Hier und Jetzt – einem Moment, geprägt vom individuellen Ich. Eine Reaktion auf das eigene Sein und das spezifische Agieren.

Warum tue ich, was ich tue – was bewegt und was verleitet mich? Woher die Kraft, die Motivation, der emotionale Drang, die Sucht nach dem mehr? Wer bin ich am Morgen, wer am Tag und wer zur Nacht? Stets die gleiche Person oder beeinflusst durch all jene spezifische Gegebenheiten?

Lerne ich mich zu sehen, so bin ich frei von der fremden Anwendung. Bin ich meiner Person gegenüber blind, so wird ein jedes Urteil der subjektiven Verzerrung entspringen. Ehrlichkeit in der eigenen Analyse, Klarheit in der fremden Analyse.

„Ohne Ziel ist jeder Weg falsch."

Konfuzius, chinesischer Philosoph

Lösungsfokussierte Führung

Dort, wo ältere Führungskräfte auf ihren reichhaltigen Erfahrungsschatz zurückgreifen, aus Fehlern der Vergangenheit lernen und Entscheidungen scheinbar aus dem Bauch heraus treffen, benötigt die junge, weniger erfahrene Führungskraft konkrete Hilfsmittel. Einige der effizientesten Werkzeuge zur Führung von Mitarbeitenden bietet die Lösungsfokussierte Führung.

Der meistgehörte Satz, wenn ich Teilnehmerinnen und Teilnehmer in meinen Seminaren darauf anspreche, lautet:

> „Lösungsorientiert? Mach ich doch sowieso schon! Ich muss täglich Probleme lösen."

Dieser Gedanke ist sicherlich richtig. Die Lösungsfokussierung bezieht sich jedoch weniger auf die eigene Fähigkeit der Problemlösung als vielmehr darauf, die individuelle Lösungsfindungskompetenz Ihrer Mitarbeitenden zu fördern und zielgerichtet zu führen.

Lösungsfokussierung, oder Solution Focus, ist eine hochwirksame und effiziente, praxiserprobte Methodik, um selbstständig Ansätze und Lösungen zu entwickeln oder die Herangehensweise, als anleitenden Unterstützung, im Team oder bei den eigenen Mitarbeitenden einzusetzen. Dafür notwendige Ressourcen werden gefördert und bei den jeweiligen Personen gezielt freigesetzt. Darüber hinaus arbeiten im Kontext der Lösungsfokussierung die Personen an der persönlichen Kompetenz zur Innovation und Kreativität. Die sich entwickelnde Denkweise und Gesprächsführung bauen auf der Haltung und Erkenntnis auf, dass in der Führung und im Organisationskontext das Finden von Lösungen nicht von einer Analyse der Probleme abhängig ist.

Was ist an dieser Stelle mit „Denkweise" und „Haltung" gemeint? Eine klassische und bekannte Herangehensweise beim Auftreten von Problem ist, dieses im ersten Schritt detailliert zu analysieren.

Im zweiten Schritt werden Ansätze für eine passende Lösung abgewogen und in den Kontext des Problems und des gewünschten Zustandes gesetzt. Dabei handelt es sich um die Denkweise in Ursache-Wirkung-Zusammenhängen.

Primär in technisch-naturwissenschaftlichen Systemen ist diese Analyse, das Suchen nach Fehlerquellen sinnvoll. In sozialen Systemen, wie es Führungsverhältnisse sind, führt Ursachenforschung jedoch häufig eher zu Anschuldigungen und zu aufreibenden Rechtfertigungen – das empfindliche Gleichgewicht der zwischenmenschlichen Interaktion und Kommunikation wird gestört. Doch lassen Sie uns dies, der Reihe nach, im Detail betrachten.

Sie sind als Führungskraft Teil eines sozialen Systems, auf welches Sie, aus positiver wie aus negativer Sicht, sehr großen Einfluss haben. Tritt in diesem sozialen System ein Problem auf, werden Sie unterschiedlichste Aussagen erhalten, je nachdem, wen Sie fragen oder aus welchem Blickwinkel Sie die beschriebene Situation betrachten. Wer kann in einem Geflecht von Arbeitsbeziehungen schon mit Sicherheit sagen, womit die Dinge ihren Anfang nahmen – rational und nicht wertend betrachtend? Und handelt es sich hierbei wirklich um eine sinnvolle Frage? Selbstverständlich können Sie in einem solchen Moment problemorientierte Fragen stellen, wie zum Beispiel: „Wie kam es zu diesem Problem?" oder „Wer ist dafür verantwortlich?" – verpflichtet hierzu sind Sie jedoch nicht.

Vielmehr ist es möglich und effizient, sich auf einem direkteren Weg in Richtung des erwünschten Zustandes zu begeben. Für das Management im Allgemeinen und einzelne Führungskräfte wie Sie erfordert diese Verfahrensweise häufig ein Umdenken in den bekannten und üblichen Lösungsprozessen. Hierfür ist es notwendig, eine veränderte Haltung einzunehmen und einige neue Frage- und Zuhörtechniken lernen. Vereinbaren Sie nach wie vor Ziele, legen Sie Zwischenetappen fest, delegieren Sie Aufgaben, halten Sie Meetings ab und geben Sie weiterhin Leistungs-Feedback. Behalten Sie die positiven Aspekte bei – handeln Sie jedoch ab jetzt lösungs- und ressourcenfokussiert.

Es vermag im ersten Moment nur eine einfache Verschiebung oder Ergänzung Ihres bestehenden Führungsstils zu sein und nicht viel Neues zu erfordern, leicht ist es dabei nicht für jeden. Was sind Ihre ersten Schritte zur Lösungsfokussierten Führung? An dieser Stelle möchte ich Sie direkt zu einer Art Experiment einladen.

Lösungsorientiert vs. problemorientiert

Ich habe Ihnen ein praktisches Beispiel / einen Leitfaden vorbereitet, mit denen ich Sie an den Themenbereich Lösungsfokussierte Führung mit Hilfe der eigenen Wahrnehmung und Differenzierung von methodischen Herangehensweisen führen möchte. Nehmen Sie sich für die folgenden Aufgaben etwas Zeit, machen Sie diese bitte nicht in der U-Bahn auf dem Weg zur Arbeit oder zwischen anderen Tätigkeiten. Je konzentrierter Sie die einzelnen Übungen absolvieren, desto höher wird der jeweilige Mehrwert für Sie ausfallen. Die Aufgabenstellung ist in zwei Teilbereiche unterteilt – wichtig an dieser Stelle ist, dass Sie die Aufgabe in chronologischer Reihenfolge angehen und erst danach mit dem Kapitel fortfahren.

Denken Sie an ein aktuelles Problem, bei dem Sie gerne einen oder mehrere Schritte weiterkommen möchten. Reflektieren Sie das Problem im Ganzen und beantworten Sie die folgenden Fragen stichpunktartig, gerne auch in ausformulierter Form.

Teilbereich I

- Wie ist das Problem entstanden?

____

____

____

____

- Warum haben Sie das Problem noch nicht gelöst?

____

- Wer hat Schuld an der schwierigen Situation?

- Welche Mängel müssen behoben werden?

- Was sind die Ursachen des Problems?

Teilbereich II

- Was möchten Sie an Stelle der jetzigen Situation?

- Wie könnte eine Lösung aussehen?

- Was hat in letzter Zeit trotz allem gut funktioniert?

- Gibt es Ausnahmen des Problems, in denen es nicht so schlimm ist, und was genau ist dann anders?

- Was wäre ein erster kleiner Schritt in die gewünschte Richtung?

Wenn Sie an die zwei Teilbereiche der Aufgabe denken – welche Unterschiede sind Ihnen dabei aufgefallen? Wie haben sich Ihre Gedanken im Verlauf der Aufgabe und vor allem bezogen auf die Unterteilung verhalten? Was ist Ihnen in Bezug auf Ihre Stimmung aufgefallen, welche Emotionen oder Empfindungen wurden bei Ihnen ausgelöst?

Sicherlich ist Ihnen im Verlauf der Aufgabe aufgefallen, dass die ersten Fragen problemorientiert ausgerichtet sind, wohingegen der zweite Frageteil auf mögliche Lösungen fokussiert ist und sich um die Behebung oder allgemeine Lösungsansätze bemüht. Dazu sagt Steve De Shazer, einer der Mitbegründer der Lösungsfokussierten Führung:

> „Problemsprache schafft Probleme – Lösungssprache Lösungen."

Lösungssprache verwendet andere Wörter und erschafft damit andere Wirkungen. So setzt sie sich unter anderem mit der erwünschten Zukunft auseinander, vorhandenen Ressourcen / bereits Funktionierendem, der Wertschätzung und den ersten kleinen Schritten.

An dieser kurzen Übung haben Sie jetzt schon einmal in Ansätzen die Wirkung lösungsfokussierter Fragen kennengelernt. Wie sie genau funktioniert, welche Führungswerkzeuge es darüber hinausgibt und wie vielfältig sie sich einsetzen lassen, ist Bestandteil dieses Kapitels. Es geht für Sie in diesem Buch um nicht mehr und nicht weniger als die tägliche Zusammenarbeit mit Ihrem Team für die gemeinsame Zielerreichung angenehmer und nützlicher zu gestalten. Sie werden mit der Lösungsfokussierung bekannt, erste Schritte damit gehen und die Wirkung erkunden.

Wirkung Lösungsfokussierter Führung

Welche Wirkung von Lösungsfokussierter Führung haben andere Führungskräfte bereits erlebt? Die starke Fokussierung auf Stärken und Ressourcen – auf Teile der Lösung, wenn Sie so wollen – schafft eine positive Arbeitsatmosphäre, in der es Freude macht, Neues auszuprobieren und sich persönlich weiter zu entwickeln. Lösungsentwickelnde Fragen bewirken Impulse zur Problemlösung, regen die Eigenmotivation der Mitarbeiterinnen und Mitarbeiter an und fördern so letztlich auch ihre Veränderungsfähigkeit durch mehr Eigenverantwortung und Eigeninitiative. Konstruktives Engagement wird ermöglicht und spezifisch gefördert, eine echte Kooperation entsteht.

Zum Themenbereich der Lösungsfokussierter Führung wurden bereits Untersuchungen durchgeführt – die folgenden Auswirkungen wurden wissenschaftlich festgestellt:[2]

- Arbeitsatmosphäre wird positiver
- leichtere Problemlösung, bessere Resultate
- mehr Eigenverantwortung der Mitarbeitenden
- Reduktion von Produktionsfehlern
- Führungskräfte fühlen sich wohler und sicherer in ihrer Rolle
- Fehlzeiten sinken

Kühnste Hoffnung

Was ist Ihre kühnste Hoffnung basierend auf diesem Buch? Schreiben Sie dies bitte als etwas Anwesendes auf; also keine Nicht-Ziele formulieren. Beispielsweise anstatt: „Ich möchte weniger Konflikte mit meinem Team oder der Abteilung XY haben" formulieren Sie präzise, was Sie stattdessen möchten. Bitte denken Sie sorgfältig darüber nach und lesen Sie erst nach dieser kurzen Aufgabe das Kapitel zur Lösungsfokussierten Führung weiter.

---

[2] Solution Focused Leadership Survey, vgl. D. Godat: Lösungen auf der Spur, S. 41f. Hoffmann, Lueger, Luisser: Wirkungen Lösungsfokussierter Trainings auf Mitarbeiterführung und Produktivität, S. 132ff.

Was Sie gerade gemacht haben, ist, sich auf Ihre gewünschte Zukunft zu fokussieren. Dies ist gleichzeitig eines der grundlegenden Elemente der Lösungsfokussierung. Sie können die Tools in diesem Kapitel nun stets mit der Frage im Hinterkopf erkunden: „Wie kann ich es für meine kühnste Hoffnung nutzen?"

Elemente der Lösungsfokussierung

Die Kühnste Hoffnung ist ein erster Bestandteil der Lösungsfokussierung – doch welche weiteren Elemente stehen Ihnen als Führungskraft zur Verfügung?

Problem – Zum Anfang besteht ein Problem, eine Situation, welche Sie beeinflussen und verändern möchten. In der Führung von Mitarbeitenden kann dies auch als Anliegen eines Mitarbeitenden kategorisiert und bezeichnet werden.

Erwünschte Zukunft – Auf der Problemstellung oder gegebenen Herausforderung aufgebaut ist der in Zukunft gewünschte Zustand, oder vereinfacht „erwünschte Zukunft" genannt. Als Lösung wäre es ebenfalls zu bezeichnen, passender wäre jedoch „Lösungsraum". Dies kann eine Richtung sein, zum Beispiel „gesund und fit sein", oder ein Ziel, zum Beispiel „30 Liegestütz am Stück schaffen". Beides kann Sinn machen.

Ressourcen – Ein besonderes Augenmerk liegt bei der Lösungsfokussierung auf dem Funktionierenden – im Allgemeinen als „Ressourcen" bezeichnet. Die Annahme ist, dass Ressourcen zum Teil zahlreich vorhanden sind. Sie geben Hinweise auf mögliche Lösungsschritte. Auch in besonders schwierigen Situationen liegt etwas vor, das trotzdem funktioniert.

Kleine Schritte – Bei den ersten kleinen Schritten sind häufig Hinweise auf die anzuvisierende Lösung oder die ersten kleinen

Schritte in Richtung der erwünschten Zukunft zu finden. Unscheinbar wirkende kleine Schritte, können bereits zu großen Verbesserungen führen. Diese Erfolge wirken ermutigend und fördern die Motivation für die vorausliegenden Aufgaben.

Wertschätzung – Wertschätzung ist eine Grundhaltung, welche Sie in der Lösungsfokussierten Führung begleitet. Wir haben die Annahme, dass Mitarbeitende Expertinnen und Experten sind – auch für die Lösungsfindung. Aus dieser Ansicht heraus achten lösungsfokussierte Führungskräfte gezielt auf Ressourcen und melden ihre Entdeckungen an die Mitarbeitenden zurück.

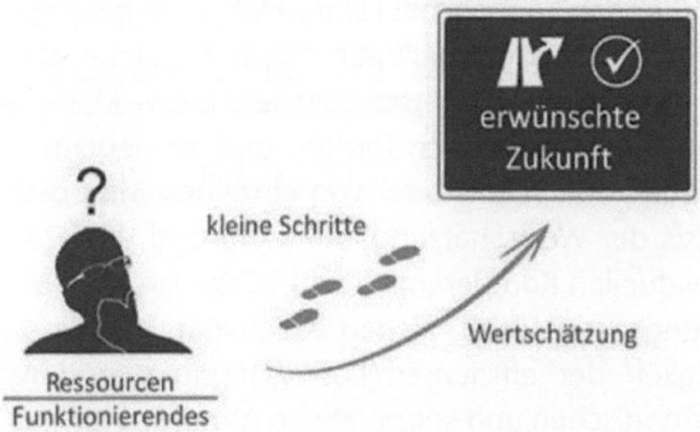

Die wesentlichen Elemente der Lösungsfokussierung haben Sie in der theoretischen Form kennen gelernt. Auf den ersten Blick erscheinen die Elemente einfach und von der logischen Struktur verständlich – doch ist die praktische Anwendung die besondere Herausforderung, die es zu bewältigen gilt. In den folgenden Abschnitten erfahren Sie, wie Sie in der Führung damit praktisch arbeiten können und welche Vorteile die Anwendung der Methoden mit sich bringt.

Alle beschriebenen Elemente und Werkzeuge sind vielfach praxiserprobt und werden von Führungskräften weltweit als sehr nützlich erlebt. Im Umgang mit Menschen gibt es allerdings keine ideale Herangehensweise, welche sich auf die unterschiedlichsten Situationen anwenden und ableiten lässt. Von großer Bedeutung ist, dass Ihr individuelles Handeln Ihnen selbst entspricht und Ausdruck Ihrer grundlegenden Haltung und Überzeugung ist. Die Zielsetzung ist nicht, dass Sie Ihr Führungsverhalten von heute auf morgen vollständig verändern. Setzen Sie die hier vorgestellten und neu erlernten Methoden Schritt für Schritt um. Wichtig ist, dass Sie beginnen – und gespannt beobachten, welche positiven Effekte diese neuen Methoden und die Herangehensweise mit sich bringen.

Ressourcen erkennen und sichtbar machen

In diesem Kapitel vertiefen Sie Ihr Verständnis von Ressourcen und lernen Methoden kennen, mit Hilfe welcher, Sie bislang unbekannte Ressourcen für alle Beteiligten sichtbar machen und diese im Rahmen der Arbeit oder persönlichen Entwicklung von Ihnen sowie Ihren Mitarbeitenden fördern und zielgerichtet einsetzen. Eine Führung von Teams oder von einzelnen Mitarbeitenden auf einer Basis der Wertschätzung, Stärkung und Weiterentwicklung von individuellen Kompetenzen und Stärken, erhöht die allgemeine Leistungsbereitschaft, fördert Kreativität, Innovation, steigert die Fähigkeit der effizienten Lösungsfindung und resultiert in einer harmonischen und kooperativen Atmosphäre.

Ressourcen geben jeder Person Kraft, Inspiration und Ideen und sind manchmal eine tatkräftige Unterstützung. Ressourcen sind etwas Schönes und Positives. Es können eigene Stärken oder Fähigkeiten sein, eine besondere Eigenschaft wie zum Beispiel Gemeinschaftssinn oder Kreativität; auch Menschen im persönlichen Umfeld können eine Kraftquelle oder Inspiration sein, ebenso ein Hobby, regelmäßiger Sport und andere Dinge, aus denen Positives geschöpft wird. Nicht zuletzt schöpfen wir aus unseren Werten Halt und Orientierung.

Als Führungskraft gehören Sie zum Umfeld der Mitarbeitenden, Sie sind ein sehr wichtiger Teil des Teams. Was ist Ihre Meinung hierzu? Empfinden Ihre Mitarbeitenden Sie persönlich als Ressource? Eine sehr positive und schöne Vorstellung.

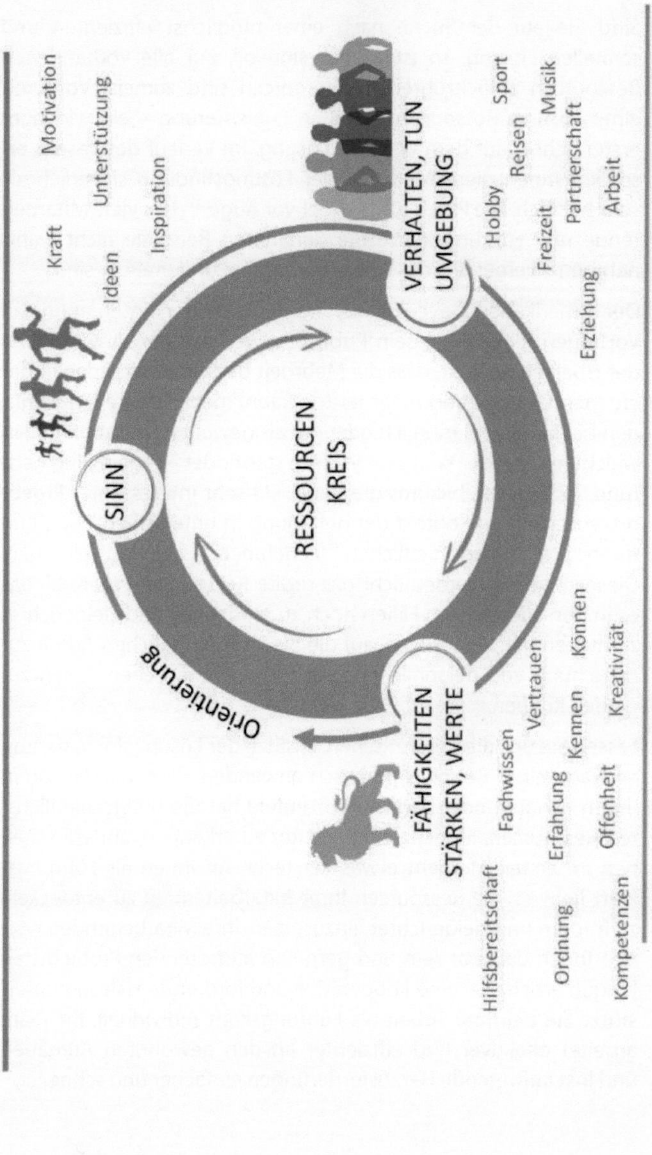
RESSOURCEN
KREIS
SINN
VERHALTEN, TUN
UMGEBUNG
FÄHIGKEITEN
STÄRKEN, WERTE
Orientierung
Motivation
Kraft
Unterstützung
Ideen
Inspiration
Sport
Musik
Reisen
Hobby
Freizeit
Partnerschaft
Arbeit
Erziehung
Können
Kreativität
Vertrauen
Kennen
Fachwissen
Erfahrung
Offenheit
Hilfsbereitschaft
Ordnung
Kompetenzen

Sind Sie auf der Suche nach einer möglichst effizienten und schnellen Lösung, so ist es nur sinnvoll, auf alle vorhandenen Ressourcen zurückzugreifen. Ressourcen sind zumeist Vorboten einer Lösung. Ressourcen schaffen Erleichterung – ein wichtiger erster Schritt auf dem Weg zur Lösung. Im Verlauf des Lesens erscheint Ihnen diese Methode der Lösungsfindung sicherlich als sehr hilfreich. Die Praxis führt leider vor Augen, dass viele Mitarbeitende und Führungskräfte die genannten Beispiele nicht wahrnehmen – vergessen, dass diese vorhanden und greifbar sind.

Der Amerikaner Steven Covey fragt bei seinen internationalen Vorträgen regelmäßig sein Publikum, wer von den Anwesenden der Überzeugung ist, dass die Mehrheit der Mitarbeitenden in der eigenen Organisation mehr leisten kann, mehr Talente einzubringen hat als aktuell möglich oder gar als gewollt ist. Unabhängig in welchem Land der Welt sein Vortrag stattfindet – regelmäßig hebt rund 75 % des Publikums die Hand. Ein sehr interessantes Ergebnis, vor allem im Kontext der Befragung in unterschiedlichen Kulturen und unterschiedlichen Teilnehmer-Zusammenstellungen. Dieses Ergebnis verdeutlicht das große Ressourcen-Potenzial, das es in den allermeisten Fällen noch zu entdecken und zielgerichtet zu nutzen gilt. Ressourcen, auf die Sie in Ihrer täglichen Arbeit zur Erreichung von persönlichen und unternehmerischen Zielen zugreifen können.

Lassen Sie uns die theoretischen Ansätze der Lösungsfokussierung an Hand eines Beispiels praktisch anwenden. Eine jede Person in Ihrem privaten oder beruflichen Umfeld hat die unterschiedlichsten Ressourcen. Manche sind leichter zu erkennen, andere scheinen im ersten Moment etwas versteckt. An Ihnen als Führungskraft liegt es, die Ressourcen Ihrer Mitarbeitenden zu entdecken, zu fördern und zielgerichtet einzusetzen. Ihre Mitarbeitenden werden Ihnen dankbar sein und gerne an auftretenden Problemstellungen arbeiten – eine kooperative und fördernde Haltung unterstützt Sie bei Ihrer Arbeit als Führungskraft individuell. Ihr Team arbeitet effektiver und effizienter an den gewohnten Aufgaben und löst auftretende Herausforderungen einfacher und schneller.

Eigene Ressourcen – Wenn Sie an sich selbst denken: Welche Ressourcen haben Sie als Privatperson, als Teil Ihres Teams oder als Führungsperson? Betrachten Sie die obige Beschreibung der Ressourcen im Rahmen der Lösungsfokussierung. Ist die Ansicht darüber eine gegenüber der üblichen Definition von Ressourcen etwas differenzierte? Notieren Sie mindestens 10 Punkte – gerne gemischt aus dem privaten sowie beruflichen Bereich:

____

____

____

____

____

____

Ressourcen erkennen und sichtbar machen – Lassen Sie uns den Teilbereich der Ressourcen unter einem differenzierten Blickwinkel betrachten. Abhängig von Ihrer beruflichen Erfahrung können Sie die folgende Fragestellung aus zwei verschiedenen Sichtweisen betrachten – bei Möglichkeit gerne aus beiden. Auf welche Art und Weise haben Sie die Ressourcen Ihrer Mitarbeitenden bislang analysiert und thematisiert? Diese Fragestellung können Sie einerseits aus Sicht einer Führungskraft betrachten oder andererseits durch die Augen eines Mitarbeitenden. Haben Sie Ihre Einschätzung auf Grundlage der klar erkennbaren Ressourcen vorgenommen oder bewusst versucht, weitere Kompetenzen, Eigenschaften, Stärken oder Ähnliches bei Ihren Mitarbeitenden zu fördern und diese im positiven Kontext anzusprechen?

Eine Fragestellung, der sich angehende oder bereits aktive Führungskräfte nur selten stellen; eine Thematik, die in ihrer Bedeutung leider zumeist unterschätzt wird. Wie ist Ihre bisherige Erfahrung als Teil eines Teams oder Führungskraft gewesen? Nennen Sie bitte mindestens drei Beispiele, bei denen Sie die Potenziale Ihrer Kolleginnen und Kollegen aktiv gesucht und gefördert haben – oder bei denjenigen, bei denen Sie durch Vorgesetzte unterstützt und begleitet wurden:

Ressourcen der DISG-Verhaltenstendenzen – Zum Anfang dieses Abschnittes habe ich eine differenzierte Betrachtungsweise angesprochen. Ich bitte Sie, an die jeweiligen Verhaltenstendenzen nach dem DISG-Modell zu denken. Sie haben sich in verschiedenen praktischen Übungen intensiv mit diesen auseinandergesetzt und sicherlich bereits einige Gedanken dazu gemacht. Nehmen wir den Faktor Ressourcen hinzu – welche Ressourcen, nach Definition der Lösungsfokussierung, sind bei dominanten, initiativen, stetigen und gewissenhaften Verhaltenstypen potenziell vorzufinden und welche eher nicht? Hierbei handelt es sich um eine reflektierte Betrachtung der Stärken der vier Grundtypen nach DISG. Gewisse Ressourcen sind einzelnen Personen leichter zuzuordnen als anderen – interessant an dieser Stelle wäre jedoch zu erfahren, welche genau Sie über die jeweils vorhandene Ressourcen zukünftig erkennbar und sichtbar machen können. Die Formulierung von klar erkennbaren Fähigkeiten, Eigenschaften, Stärken und allgemeinen Kompetenzen ist im Verhältnis einfach. Die Herausforderung besteht darin, die bislang unentdeckten und somit unbekannten Potenziale Ihrer Mitarbeitenden zu erkennen, zu thematisieren und zu fördern. Diese Aufgabe ist sehr individuell – bemühen Sie sich um stichpunktartige Notizen zu Ihnen bislang unbekannten Ressourcen der vier Verhaltenstendenzen nach DISG. Blättern Sie gerne einige Seiten zurück und überfliegen Sie das Kapitel zum DISG-Modell – lassen Sie sich für diese Aufgabe Zeit und vervollständigen Sie im Lauf der Zeit Ihre Ergebnisse.

- Ressourcen dominanter Personen

____

____

____

- Ressourcen initiativer Personen

____

____

____

- Ressourcen stetiger Personen

____

____

____

- Ressourcen gewissenhafter Personen

____

____

____

Wertschätzendes erforschen

Dass ein neuer Vorgesetzter, gerade aber auch ein auffällig junger Vorgesetzter zunächst kritisch betrachtet wird, ist nichts Ungewöhnliches. Sie stehen von Anfang an auf dem Prüfstand und haben viel zu verlieren, aber auch zu gewinnen. Gerade ein frischgebackener Hochschulabsolvent, der seine erste Führungsposition bekleidet, kann verleitet sein, nahezu alle Arbeitsprozesse und üblichen Vorgehensweisen umzuwerfen, um diese zu optimieren und seine persönliche Note zu setzen. Dies wirkt auf erfahrene Mitarbeiter so, als würde ihre bisherige Arbeit nicht wertgeschätzt und bisherige Erfolge ignoriert. Mit der lösungsfokussierten Methode *Wertschätzendes Erforschen* steuern Sie hier erfolgreich gegen.

Wertschätzende Rückmeldung – Ein nützliches und wichtiges Führungstool in der Lösungsfokussierung ist die Wertschätzende Rückmeldung. Bei der Führung eines Teams oder einzelner Mitarbeitende ist es von sehr großer Bedeutung, eine positive und wertschätzende Kommunikation zu fördern. Meine persönliche Erfahrung der vergangenen Jahre, im Austausch mit Teilnehmenden oder bei der Begleitung von Organisationen, hat mir verdeutlicht, dass im arbeitsbezogenen Alltag und der allgemeinen Kommunikation zu selten Wertschätzung für die vergangene und aktuelle Arbeit erfolgt. Ein kleiner Aspekt der Kommunikation, der, praktisch angewendet, nur wenig Zeit und Mühe erfordert – doch jener Bereich mit einer sehr großen positiven Wirkung auf die Arbeitsleistung, das Engagement und die Harmonie im Team. Nutzen Sie jede hier erlernte neue Methode in der täglichen Arbeit – gehen Sie Schritt für Schritt voran, so werden Sie sich der Herangehensweise sicherer und die resultierenden Ergebnisse wahrnehmen. Mit den folgenden Formulierungen können Sie wahrgenommene Ressourcen an Mitarbeitende rückmelden und damit für alle Beteiligten sichtbar machen:

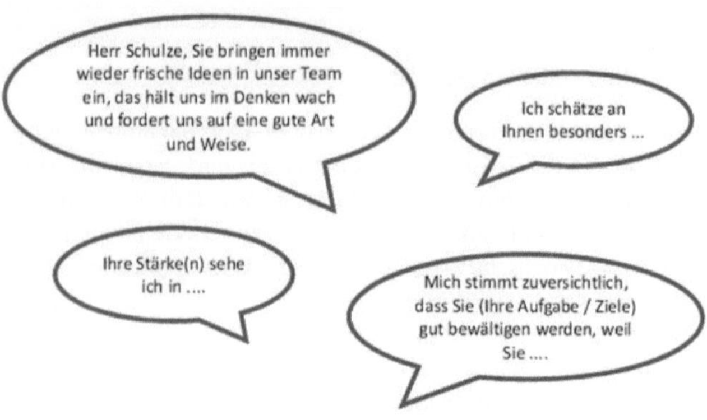

Die in den Sprechblasen notierten Ansätze zur Wiedergabe von Wertschätzung sind einfache Elemente der Kommunikation, die jedoch eine sehr große Wirkung auf Ihre Mitarbeitenden haben. Sie steigern die Motivation und Leistungsbereitschaft und fördern die innerbetriebliche Harmonie und den übergreifenden Zusammenhang.

Beobachten Sie Ihre Mitarbeitenden im Verlauf der Arbeit und erkennen, dass heute oder in den letzten Tagen einiges gut verlaufen ist, sollten Sie es nicht als selbstverständlich hinnehmen. Betrachten Sie die Situationen genauer und versuchen Sie die konkreten, auf den Erfolg einflussnehmende Faktoren zu analysieren und mit Ihren Teammitgliedern zu teilen. Sie können die folgenden Fragen unter vier Augen oder vor dem Kollegium dem Mitarbeitenden stellen, der Ihrer Ansicht nach gute Ergebnisse generiert hat oder eine besondere Leistung vollbracht hat:

- Wie haben Sie dieses Resultat erzielt, diese Leistung vollbracht?
- Wie genau ist es Ihnen gelungen, dass dieses bestimmte Ereignis eingetreten ist?
- Was haben Sie noch dafür getan?
- Was haben Sie darüber hinaus dazu beigetragen?

Die Ressourcen, von denen Sie erfahren, können Sie dann für alle Mitarbeiterinnen und Mitarbeiter hörbar wiederholen, bei Bedarf spezifischer formulieren und für andere Themenbereiche oder Anwendungsbeispiele übernehmen.

Durch das offene Ansprechen dieser Ressourcen, dem allen Beteiligten Sichtbar-Machen, gewinnen Sie zwei sehr positive Aspekte. Auf der einen Seite fühlt sich die betroffene Person wertgeschätzt, Sie festigen die Bindung und zeigen auf, dass Ihnen die spezifische individuelle Arbeitsleistung bewusst ist und von Ihnen hoch anerkannt wird. Auf der anderen Seite werden den anderen Mitarbeiterinnen und Mitarbeitern die Verhaltensweisen bewusst, die den entsprechenden Unterschied bei der Arbeitsleistung oder dem Resultat ausgemacht haben. Hierdurch fördern Sie das zielgerichtete Verhalten innerhalb Ihres Teams. Es ist einerseits ein lobender und wertschätzender Aspekt der Lösungsfokussierten Führung, darüber hinaus aber auch ein Transfer von Wissen und Kompetenzen innerhalb der Belegschaft.

Ich habe Ihnen ein kurzes Beispiel einer Unterhaltung zwischen einer Führungskraft und einem Mitarbeiter vorbereitet – dieses verdeutlicht die Bedeutung und Herangehensweise der wertschätzenden Rückmeldung. Solche Gespräche sind für Sie als Führungskraft stetige Herausforderungen, welche es zielgerichtet und auf einer positiven zwischenmenschlichen Basis zu lösen gilt.

„Guten Tag, danke für Ihre Zeit. Sie sind ja seit drei Monaten unser neuer Chef und ich habe mir die wichtigsten Punkte aufgeschrieben. Es ist mir ein Bedürfnis, Ihnen das zu sagen. Ich erlebe Sie hier als einen Vorgesetzten, der kräftig am Rad drehen möchte und Änderungen vorantreibt. Sie wollen mit Gewalt Erfolge haben. Schauen Sie doch bitte auf das, was funktioniert, und versuchen Sie bitte erstmal zu verstehen, wie die Zusammenhänge sind und warum wir auf die Art und Weise arbeiten, wie wir es tun. Bevor Sie an jeder Ecke alles aufscheuchen, würdigen Sie zunächst das, was wir täglich leisten. Wir haben seit Jahren Erfolg, wir leisten gute Arbeit und ich finde Ihre Herangehensweise dahingehend nicht richtig und zu dominant."

Der hier ausgeführte Vorschlag für eine wertschätzende Rückmeldung beginnt mit einer „empathisch begleitenden Aussage" und reflektiert daraufhin die wahrgenommenen Ressourcen.

„Ich danke Ihnen für Ihre Offenheit, Herr Kruse. Es ist wirklich keine einfache Situation, wenn die Führungskraft innerhalb kurzer Zeit häufig wechselt und jedes Mal neue Vorstellungen verwirklicht werden sollen. Ich merke, wie wichtig es Ihnen ist, das, was funktioniert, zu sehen und beizubehalten und damit für ausreichend Stabilität im Team zu sorgen. Womit sind Sie zufrieden, was genau möchten Sie nicht ändern?"

Selbstverständlich sind auch andere Aussagen an dieser Stelle als Rückmeldung möglich. Entscheidend ist Ihre persönliche Haltung. Interessieren Sie sich aufrichtig für das, was Ihrem Mitarbeiter am Herzen liegt, oder empfinden Sie das Gespräch als lästig und möchten es so schnell wie möglich beenden?

Kompetenzen entwickeln

Im Kapitel „Kompetenzen entwickeln" erweitern Sie Ihre Fähigkeiten in lösungsfokussierter Führung maßgeblich. Sie lernen die Arbeit mit Skalierungen kennen oder vertiefen Ihre bereits erworbenen Kenntnisse aus den oberen Abschnitten. Ein großer Vorteil der Lösungsfokussierten Führung ist, dass die einzelnen Methoden in spezifischer Kombination weitere Anwendungsmöglichkeiten haben. Beispielsweise die Arbeit mit der Skala und die wertschätzende Rückmeldung – die Kombination beider Methoden führt in der allgemeinen Kommunikation zu einer neuen Herangehensweise, die Unstimmigkeiten und Konflikten vorbeugt und die individuellen Kompetenzen einzelner Mitarbeitende fördert.

Die Skalenarbeit erweitert Ihr Führungswissen und dient Ihnen als nützliches Tool für unterschiedliche arbeitsbedingte Gespräche, zum Beispiel in Entwicklungsgesprächen. Selbstverständlich ist diese Methode ebenfalls im privaten Umfeld anwendbar – mit Ihren Kindern, Freunden oder der Partnerin, dem Partner. Auf den beruflichen Kontext zurückkommend – immer dann gut anzuwenden, wenn Sie oder Mitarbeitende selbst erkennen, dass Mitarbeitende etwas lernen könnten oder ihre persönlichen Fähigkeiten erweitern können.

Mit Hilfe zielgerichteter Fragen und Anwendung der Skala können Ihre Mitarbeiterinnen und Mitarbeiter eigenständig konkrete Schritte unternehmen, um sich fachlich und persönlich zu entwickeln.

Skalierungen

- machen den Fortschritt der Arbeit über ein Zahlenwerk hinaus messbar;
- „weiche Themen" wie zum Beispiel „Zusammenarbeit" werden greifbar;
- Sie können mit Hilfe einer Skala leichter über Funktionierendes sprechen; und
- eine Atmosphäre schaffen, die Lösungsideen und erste Schritte begünstigt.

Lassen Sie uns die Skalenarbeit an einem praktischen Beispiel betrachten.

Bitte denken Sie jetzt an eine Kompetenz, die Sie gerne weiterentwickeln möchten, zum Beispiel „Zeitmanagement“ oder „schwierige Gespräche mit Mitarbeitern gut führen“. In den nächsten Minuten möchte ich Sie das Führungstool „Skalierung“ erleben lassen, damit Sie ein gutes Gefühl dafür bekommen. Gleichzeitig sollen Sie an konkreten Schritten zur Weiterentwicklung der von Ihnen gewählten Kompetenz arbeiten. Dazu benötigen Sie jetzt ein Blatt Papier und einen Stift. Bitte zeichnen Sie oben eine Skala von 0 bis 10 wie auf dieser Graphik auf Ihr Blatt.

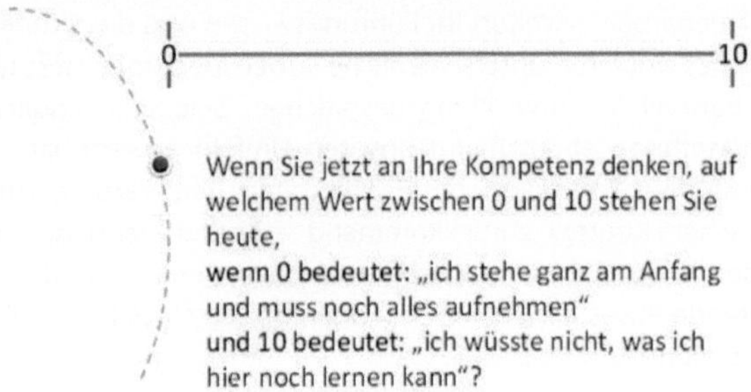

Bitte kreuzen Sie daraufhin auf Ihrem Blatt in der Skala den entsprechenden Wert an.

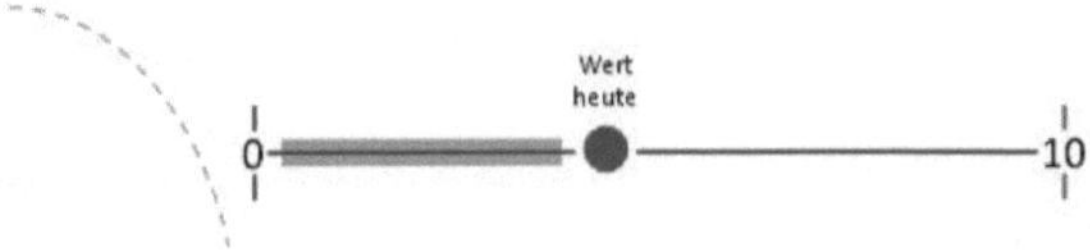

- Meine Vermutung ist, dass Ihr Wert heute nicht 0 oder 10 ist. Wie haben Sie es geschafft, diesen Wert heute zu erreichen? Was hat dazu geführt, dass Sie dort stehen und eben nicht bei 0 oder 10?

- Was hat noch dazu geführt?

- Und was noch? Notieren so noch weitere Punkte. Was haben Sie noch dafür getan, um auf Ihren Wert heute zu kommen?

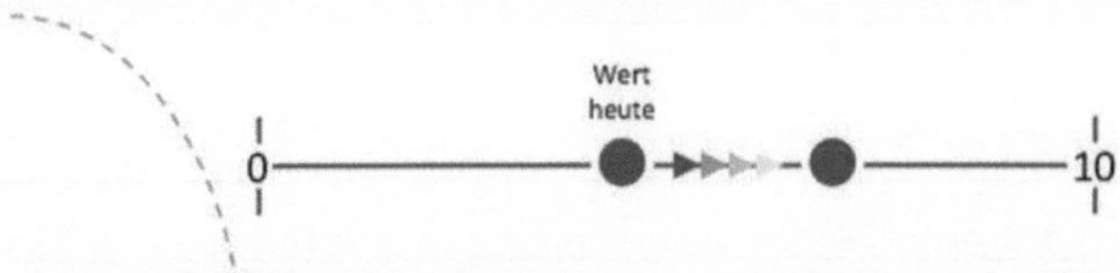

Angenommen, Sie machen in Ihrer Kompetenz einen guten Schritt nach vorn, auf welchem Wert stehen Sie dann? Bitte markieren Sie diesen zukünftigen neuen Wert jetzt in der Skala und notieren anschließend wieder Ihre Antworten zu den folgenden Fragen.

- Was ist anders auf diesem neuen Wert?

- Was tun Sie anders auf diesem neuen Wert?

- Und was noch? Notieren Sie noch weitere Punkte.

- Wer merkt, dass Sie auf diesem neuen Wert sind? Und woran?

- Woran merken Ihre Mitarbeitende den Fortschritt? Was sehen sie Sie tun? Welches andere Verhalten nimmt Ihr Team an Ihnen wahr? Notieren so noch weitere Punkte.

- Woran bemerkt Ihre Chefin oder Ihr Chef den Fortschritt?

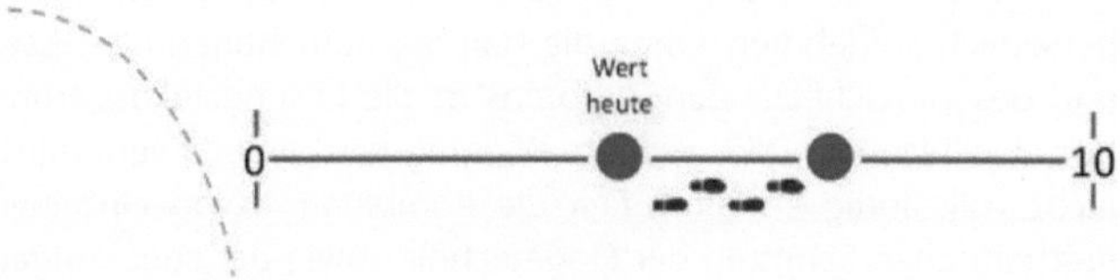

Wenn Sie Ihre Notizen und Gedanken jetzt betrachten: Was ist ein erster kleiner Schritt, den Sie heute noch oder gleich morgen machen können? Was tun Sie konkret als nächstes? Bitte formulieren Sie ruhig sehr kleine Schritte, die lassen sich leichter gehen.

Und vielleicht erkennen Sie ja noch andere kleine Schritte, die Sie ganz konkret und wirklich in den nächsten Tagen machen können, um in Richtung Ihres angestrebten neuen Wertes aufzubrechen. Ich wünsche Ihnen gutes Gelingen dabei!

In der vorangegangenen Übung haben Sie, am praktischen Beispiel, die Arbeit mit der Skala kennengelernt. Sie haben die Perspektive Ihrer Mitarbeitenden eingenommen und mit den neuen speziellen Fragetechniken sowie der zugehörigen Haltung gearbeitet. Die Haltung, mit der Sie Ihr Team führen, ist wirklich entscheidend dafür, wie Ihre Mitarbeitenden Ihr Führungshandeln persönlich aufnehmen. Ohne die Haltung aufrichtigen Interesses und des wertschätzenden Zuhörens ist die Lösungsfokussierung nur eine Technik – die gewollte Wirkung wird jedoch vermutlich nicht vollständig entfaltet. Erst die Kombination von einzelnen methodischen Schritten der Fragetechnik sowie der zugehörigen persönlichen Haltung führt zu einer effizienten, zielgerichteten und harmonischen Führung Ihrer Mitarbeitenden.

Skalenarbeit

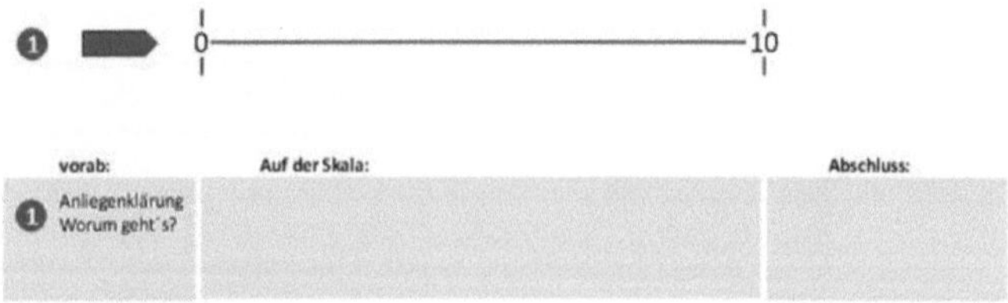

[1] Anliegenklärung

Der erste Schritt in der Skalenarbeit ist die grundlegende Klärung des Anliegens: Worum geht es? In der vorangegangenen Übung, die Sie ausgeführt haben, ging es um die Entwicklung einer Kompetenz. Ich habe Sie gebeten, eine Kompetenz auszusuchen, an der Sie aktuell und zukünftig arbeiten möchten. Kommen Mitarbeitende oder Kolleginnen und Kollegen auf Sie zu, gilt es für Sie herauszuhören, um welches Anliegen es geht. Folgende Fragen können Sie für die Klärung beziehungsweise die Spezifizierung des Anliegens verwenden:

- „Was soll anders werden?"
- „Was möchten Sie erreichen?"
- „Was möchten Sie ändern?"
- „Was wäre für Sie ein gutes Ergebnis?"
- „Was ist Ihre kühnste Hoffnung für dieses Thema / Problem?"

Bei solchen Fragestellungen sollten Sie beobachten, welche Tendenz die Erzählung Ihrer Gesprächspartnerin oder Ihres Gesprächspartners annimmt. Werden die Defizite und Problematiken primär thematisiert, sollten Sie die „Stattdessen-Frage" stellen:

„Viele Dank für Ihre Schilderung. Und was möchten Sie stattdessen?"

Fokussieren Sie sich bereits zu Beginn auf die gewünschte Zukunft. Lösen Sie sich rechtzeitig vom Sprechen über das, was die betroffene Person stört oder was sie nicht haben will. Lenken Sie das Gespräch auf eine zielgerichtete und positive Ebene, welche die erwünschte Zukunft thematisiert.

Selbstverständlich haben Sie als Vorgesetzte oder Vorgesetzter die Möglichkeit (das Recht), eigenständig ein Thema oder eine Kompetenz auf die Agenda zu setzen, welches Sie für wichtig erachten. Ob Ihre Mitarbeitenden Ihre Anliegen zu den eigenen machen, gilt es daraufhin aufmerksam zu beobachten.

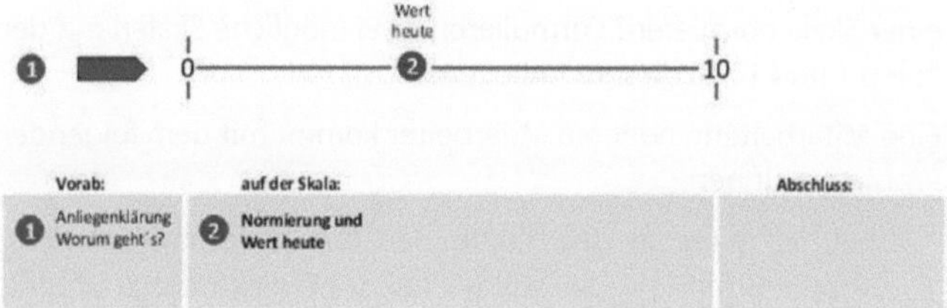

[2] Skala normieren und Wert heute

Zum Anfang habe ich Ihnen geschildert, dass das Problem und die Lösung unabhängig voneinander bestehen.

Das ist gut für Sie als Führungskraft, denn im Falle von nichttechnischen Problemen müssen Sie nicht zu viel Zeit auf das Sprechen über das Problem verwenden. Benennen und normieren Sie im zweiten Schritt die Skala und erfragen Sie den Wert heute. Folgende Formulierungen können Sie hierzu beispielsweise verwenden:

„Bezogen auf... (benennen, was eingeschätzt werden soll) ..., wo auf einer Skala zwischen 0 und 10 stehen Sie heute, wenn 10 bedeutet... (normieren) und 0 bedeutet... (normieren)? Auf welchem Wert stehen Sie heute?"

Sie können Ihre Skala ebenfalls, anstatt von 0 bis 10, von 1 bis 10 normieren. Wichtig hierbei ist nur, dass die verwendeten Pole 10 und 0, bzw. 1, im Vorfeld benannt werden müssen, sodass Ihre Gesprächspartner den individuellen Wert treffender einschätzen können. Dominik Godat hat eine für den Anfang gut geeignete Formulierung definiert:

„... wenn 10 heißt, Sie haben Ihr Ziel erreicht und 0 das genaue Gegenteil."

Praktische Anwendung: Skala & Normierung – Ich habe Ihnen einen kurzen Auszug aus einem möglichen Gespräch mit einem Mitarbeitenden notiert – wie würden Sie das folgende Anliegen in einer Skala normieren? Formulieren zwei mögliche Skalen mit den Polen 1 und 10 zu diesem Anliegen.

Eine Mitarbeiterin oder ein Mitarbeiter kommt mit dem folgenden Problem zu Ihnen:

> Chef, ich habe in drei Tagen den Kundentermin bei Firma X.Ample GmbH. Wie Sie wissen, lief das Projekt zuletzt unrund, weshalb wir vor Ort zum Gespräch gebeten wurden. Ich weiß einfach nicht, wie ich dort auftreten und mich vorbereiten soll. Ich habe den Kunden vor vier Monaten von Frau Huber über-

nommen, als sie in Elternzeit gegangen ist. Ich kenne trotz der Übergabe nicht jede Absprache und offenbar entsteht die Unzufriedenheit nicht nur wegen unseres Lieferverzugs, sondern es gibt da auch noch andere Erwartungen, die aber so nicht vertraglich vereinbart sind.

- Skala I

____

____

____

____

____

- Skala II

____

____

____

____

____

Auf eine solche Reaktion seitens eines Mitarbeitenden bedarf es zunächst einer übergreifenden wertschätzenden Rückmeldung.

„Danke, Herr ..., dass Sie mit dem Thema noch rechtzeitig auf mich zukommen. Ich schätze sehr, dass Sie das nicht auf die leichte Schulter nehmen und sich gewissenhaft vorbereiten möchten. Ich möchte Ihnen nun einige Fragen dazu stellen, die vielleicht nicht einfach zu beantworten sind. Also nehmen Sie sich ruhig Zeit für Ihre Antwort, wenn Sie möchten.“

Variante I

> „Wie zuversichtlich sind Sie auf einer Skala von 0 bis 10, dass Sie den Termin bei Firma X.Ample GmbH gut meistern werden? 0 steht für „das geht voll in die Hose und wir verlieren den Kunden", 10 steht für „das wird der beste Termin des Jahres" – auf welchem Wert stehen Sie heute?"

Im Allgemeinen antworten Sie Ihrer Mitarbeiterin oder Ihrem Mitarbeiter auf eine positive Art und Weise. Sie zeigen Verbundenheit durch die offene und ehrliche Rückmeldung Ihnen gegenüber und bemühen sich um eine zielgerichtete Lösung für die aufgetretene Problematik. In der ersten Variante wurde nach der grundlegenden wertschätzenden Rückmeldung die Zuversicht des Mitarbeiters normiert, um an konkreten ersten Schritten zu arbeiten.

Eine weitere Möglichkeit ist, auf die Vorbereitung des Mitarbeitenden zu reflektieren und daran zu arbeiten. Folgende Formulierung könnten Sie verwenden:

Variante II

> „Wenn Sie jetzt an Ihre Vorbereitung auf den Termin denken, wo stehen Sie auf einer Skala von 1 bis 10 heute, wenn 10 heißt „bin top vorbereitet, mehr geht nicht" und 1 das genaue Gegenteil?"

[3] Funktionierendes und Ressourcen

Den folgenden Schritt kennen Sie inzwischen gut. Es geht um die bisherigen Erfolge, jene Aspekte, welche gut funktioniert haben und wie diese erreicht wurden. Auch Fragen nach positiven Ausnahmen sind hier sehr passend. Alle daraus resultierenden Rückmeldungen werden als Vorboten der Lösung bezeichnet. Wichtig für Sie ist hierbei, ausreichend Zeit zu investieren und aufmerksam zuzuhören. Beispielfragen finden Sie am Ende dieses Kapitels zusammengefasst oder im oberen Bereich, als Sie selbst am praktischen Beispiel die Skala ausprobiert haben.

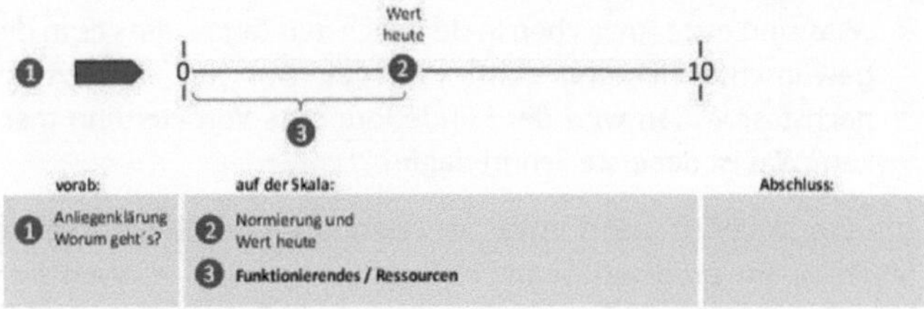

[4] Erwünschte Zukunft

Nach der Abfrage des Funktionierenden fragen Sie nach der erwünschten Zukunft, bezogen auf unser Beispiel:

> „Mit welchem Wert wären Sie bis übermorgen zufrieden?" oder „Was wäre ein guter Schritt nach vorn für Sie, auf welchem Wert wären Sie dann?" „Und was ist anders, wenn Sie den Wert erreicht haben? Was noch? Was noch und was noch?"

Es ist von elementarer Bedeutung, an dieser Stelle herauszuarbeiten und zu hören, was den positiven Unterschied ausmacht. An dieser Stelle finden Sie und Ihre Mitarbeitenden die notwendigen Hinweise für konkrete Aktionen und abgeleitete erste Handlungsschritte.

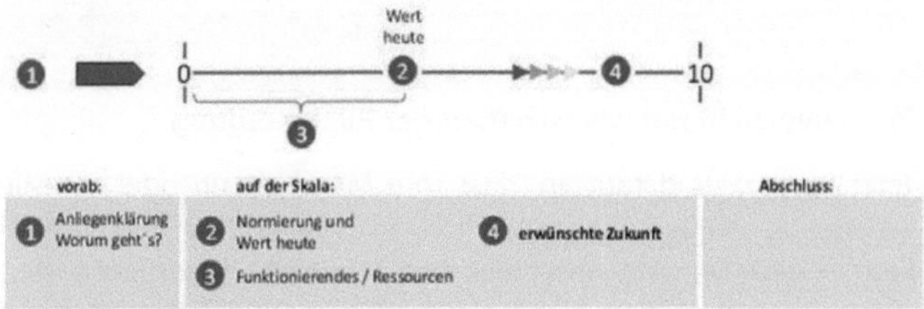

[5] Nächste kleine Schritte

Jetzt ernten Sie eine konkrete Belohnung Ihrer Führungsarbeit: Nächste kleine Schritte, erste Handlungen auf dem Weg zur Lösung.

„Was sind erste Anzeichen in den nächsten Tagen, dass es in die gewünschte Richtung geht? Hm, gut. Was tun Sie jetzt als nächstes? Woran wird der Kunde Ihre gute Vorbereitung merken? Was ist der erste Schritt dahin?"

Um am aktuellen Stand etwas zu verändern, auf die bestehende Situation im positiven Sinne Einfluss zu nehmen, müssen Ihre Mitarbeitenden mit direkten Handlungen auf dem Weg zur Lösung beginnen. Die Umsetzung der kleinen Schritte ist wahrscheinlicher, wenn Mitarbeitende diese selbst benennen. Sie werden sich hierdurch viel verantwortlicher für die Ergebnisse fühlen. Das ist ein Grund, weshalb Sie sich als Führungskraft inhaltlich zurückhalten, jedoch mit Interesse und Fragetechnik voll einbringen. Fördern Sie das Wissen und die Erkenntnis Ihrer Mitarbeitenden mit Fragen, haben Sie nicht auf alles direkt eine Antwort.

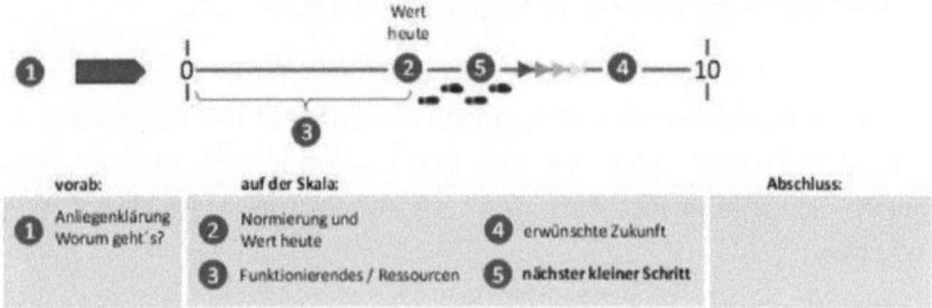

[6] Zuversicht mit wertschätzender Rückmeldung

Jetzt kommt es darauf an, dass Ihre Mitarbeiterin oder Ihr Mitarbeiter den ersten Schritt wirklich geht. Sie können dies verstärken, in dem Sie zum Abschluss Ihre Zuversicht ausdrücken, dass das Problem gelöst wird oder die Situation sich durch das besprochene Handeln verbessern wird. Begründen Sie Ihre Zuversicht durch das Rückmelden einer wertschätzenden Beobachtung, also einer Ressource.

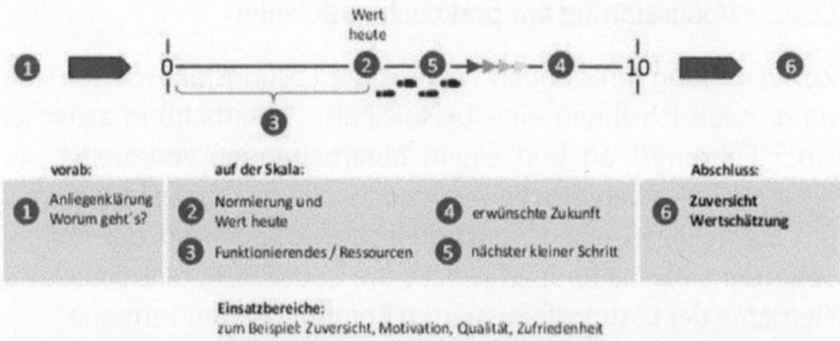

> „Herr Koch, ich bin ganz sicher, dass Sie den Termin gut hinbekommen werden. Mich hat im Gespräch beeindruckt, wie Sie die Situation aus allen Perspektiven beleuchtet haben und bei der Wahl Ihrer nächsten Schritte ganz realistisch geblieben sind. Bitte zögern Sie nicht, wieder auf mich zuzukommen, wenn Sie möchten."

Sie haben nun, am detaillierten praktischen Beispiel, die Arbeit mit der Skala und die Wirkung der lösungsfokussierten Fragen, im konkreten Fallbeispiel der Entwicklung einer eigenen Kompetenz, kennengelernt. Diese Form der Fragestellung können Sie auch für weitere Themenbereiche verwenden. Als kurze inhaltliche Zusammenfassung, habe ich Ihnen die primären sechs Punkte der Skalenarbeit kurz zusammengefasst:

[1] Anliegenklärung – worum geht es in der aufgetretenen Problematik?

[2] Normierung und Feststellung des heutigen Wertes.

[3] Analyse und Benennung des Funktionierenden (Ressourcen) aus der Vergangenheit.

[4] Formulierung der erwünschten Zukunft und Definierung der eintretenden Rahmenbedingungen.

[5] Festlegung der ersten kleinen Schritte auf dem Weg zum formulierten Ziel.

[6] Äußerung von Zuversicht und Wertschätzung gegenüber dem Mitarbeitenden.

Lösungsfokussierung am praktischen Beispiel

Zur Vertiefung Ihres neuen Wissens der Lösungsfokussierten Führung, habe ich Ihnen eine beispielhafte Unterhaltung zwischen einer Führungskraft und einem Mitarbeitenden vorbereitet. Auf diese Weise haben Sie die Anwendung der im Vorfeld vorgestellten Elemente in einem durchgehenden Dialog. Auf der rechten Seite der Unterhaltung ist jeweils die Zuordnung hinsichtlich der Elemente der Lösungsfokussierten Kommunikation vermerkt.

Dialog	Zuordnung:
Hallo. Ich freue mich sehr, dass wir heute über dein Thema sprechen können, und ich bin überzeugt, dass du dann Fortschritte erzielen wirst.	❶ Bereitschaft erhöhen
Was muss für dich in diesem Gespräch geschehen, damit es sich für dich gelohnt hat?	❶ Bereitschaft erhöhen
Na, dass die Meetings, die ich organisiere, effizienter werden.	
Und einmal angenommen, das Thema wäre gelöst, woran würdest du das merken?	❷ gewünschte Zukunft
Wir könnten in der gleichen Zeit mehr Themen besprechen.	
Ah, ok. Und woran würdest du es noch merken?	❷ gewünschte Zukunft
Dass die Stimmung lockerer ist.	
Hm. Und woran noch? ...	❷ gewünschte Zukunft
....	
Wo stehst du momentan auf einer Skala von 1 bis 10, auf der 10 bedeutet, dass du dein Ziel erreicht hast und 0 für das Gegenteil steht?	❸ Skala
Auf einer 6.	
Was hast du alles getan, dass du bereits da stehst und nicht mehr bei 0?	❹ Funktionierendes
Ich habe ein Feedbacksystem etabliert, das wir nach jedem Training anwenden. Und ich habe schon einmal versucht, mit der Skala zu arbeiten. Da bin ich aber noch sehr unsicher.	
Ich schätze es sehr zu sehen, wie viel Einsatz du zeigst, um zu einem besseren Ergebnis für dich und euer Team zu kommen.	❺ Wertschätzung
Was wirst du dann tun, was du vorher noch nicht getan hast?	❻ kleine Schritte
Ich könnte Christof aus der Nachbarabteilung mal fragen, welche Struktur sie nutzen. Da habe ich ja schon einiges Interessantes davon gehört.	

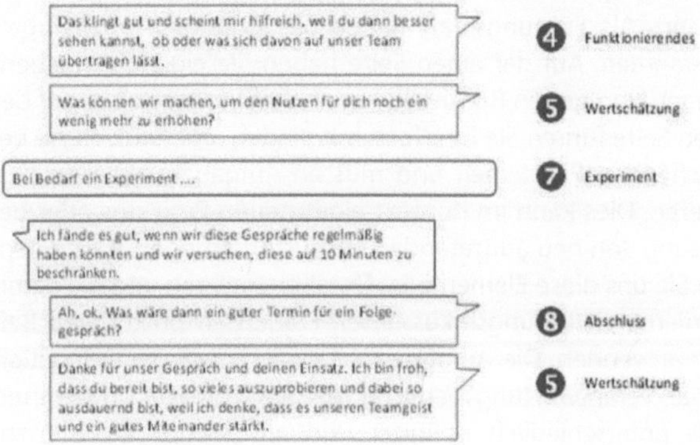

Selbstverständlich lässt sich die lösungsfokussierte Kommunikation auf unterschiedlichsten Gesprächsvariationen anwenden. Denken Sie im Detail die soeben gelesene Unterhaltung, oder überfliegen Sie diese noch das ein oder andere Mail. Reflektieren Sie mögliche ableitende Anwendungsmöglichkeiten in Ihren privaten sowie beruflichen Alltag. Genau, eine solche Form der Kommunikation lässt sich ebenfalls sehr gut in das private Umfeld übertragen. Mit Ihrem Partner oder der Partnerin, aber auch beispielsweise mit Ihren Kindern oder eigenen Geschwistern. Diese Herangehensweise ist für Sie voraussichtlich bislang unbekannt gewesen, so nutzen Sie jede Gelegenheit, diese praktisch anzuwenden und sich im praktischen Umgang sicherer zu werden.

Kurze Frage an Sie, mit welchen Personen und in Bezug auf welche Themenbereiche, können Sie die Lösungsfokussierung schon heute oder gleich morgen praktisch umsetzen? Das Motto „Übung macht den Meister." Ist Ihnen sicherlich bekannt, dem folgend, sollten auch Sie jede passende Situation nutzen und Ihre Fähigkeiten dahingehend festigen.

Lösungsfokussierte Fragen bei der Führung

In diesem Kapitel möchte ich mit Ihnen einige klassische Führungssituationen betrachten und überlegen, welche Form der spezifischen Fragestellung Ihnen in einzelnen Situationen nützlich sein kann. Als Führungskraft haben Sie einen sehr vielfältigen Arbeitsrahmen. Auf der einen Seite haben Sie eigene Aufgabenstellungen und geben Rückmeldung an Ihre Vorgesetzten, auf der anderen Seite führen Sie Ihre Teammitglieder, unterstützen sie bei auftauchenden Problemen und müssen Aufgaben verteilen und delegieren. Dies kann im Kontext eines neuen Projektes oder bei der Lösung von neu auftretenden Herausforderungen stattfinden. Lassen Sie uns diese Elemente im Detail betrachten und die damit kombinierbaren Lösungsfokussierten Fragen an praktischen Beispielen anwenden. Die Aufgabenverteilung sowie die Delegation einzelner Verantwortungsbereiche werden von Führungskräften oftmals unterschiedlich definiert und ausgeführt. Aus diesem Grund habe ich Ihnen die Beiden genauer dargestellt.

[7] Aufgabenverteilung

Denken Sie an den Themenbereich der Aufgabenverteilung. Verteilen Sie im beruflichen Alltag Aufgaben, so nennen Sie zumeist auch den Sinn und jeweiligen Beitrag für die Abteilung oder das aktuelle Projekt. Welche Elemente der Lösungsfokussierten Fragestellung können Sie hierbei zukünftig verwenden?

Über die Verteilung einzelner Teilelemente der Aufgabe oder erster Schritte auf dem Weg des Projektes können Sie folgende lösungsfokussierte Frage an Ihre Mitarbeitende richten:

- „Was ist darüber hinaus für Sie noch wichtig (zu wissen), um diese Aufgabe zu erledigen?"

Ebenfalls können Sie etwas mitteilen, anstatt eine Frage zu formulieren:

- „Ich merke, dass diese Aufgabe vollständig erledigt ist, an ..."

[8] Delegation eines Verantwortungsbereichs

Die Delegation ist nicht gleichzusetzen mit der Aufgabenverteilung: Es sich um zwei differenzierte Bereiche. Delegation stellt ein Instrument der Mitarbeitermotivation und -förderung dar. Achten Sie darauf, dass der Aufgabenbereich, die Entscheidungsbefugnisse und die Ergebnisverantwortung gut zueinander passen. Auch hier können Sie fragen, was für die Mitarbeiterin oder den Mitarbeiter darüber hinaus noch wichtig zu wissen ist. Eine der Möglichkeiten ist, hierbei die Skala anzuwenden.

- Frage an Sie: Wie würden Sie vorgehen, wie würden Sie in diesem Fall normieren? Formulieren Sie einen kurzen Vorschlag für ein solches Gespräch mit einer Kollegin oder einem Kollegen.

  (Bitte gehen Sie erst nach Fertigstellung dieser kleinen Aufgabe mit diesem Kapitel weiter fort.)

____

____

____

____

____

Die Skala ist eine sehr vielseitige Methode und kann in mehreren Bereichen angewandt werden. Folgende Formulierung lässt sich in diesem Beispiel verwenden:

> „Wie sicher fühlen Sie sich im Rahmen des neuen Verantwortungsbereichs auf einer Skala von 1 bis 10 ? 1 bedeutet „ojeh, wie soll ich das nur hinbekommen?" und 10 steht für „ich fühle mich sehr sicher und werde das mit links erledigen". Auf welchem Wert stehen Sie aktuell?"

Die anschließende Rückfrage nach den Ressourcen stellt eine gute Ergänzung dar:

> „Was hat Ihnen geholfen, dass Sie heute bereits auf X stehen?" Nach der entsprechenden Antwort fragen Sie weiter: „Mit welchem Wert können Sie gut leben, auf welchen Wert würden Sie gerne stehen?" Im Anschluss an die Antwort Ihres Mitarbeitenden: „Ich verstehe; was benötigen Sie jetzt noch, um auf Z zu kommen?"

Abschließend vereinbaren Sie die passende Unterstützung zur formulierten Zielvorgabe. Im Idealfall halten Sie diese schriftlich fest. Dies dient der Sicherheit Ihrer Mitarbeitenden hinsichtlich der zugesagten Unterstützung, und für Sie ist es eine gute Möglichkeit zur Ergebnissicherung. Die Notizen können Sie personenbezogen ablegen und haben so Kontrolle über den Entwicklungsfortschritt.

Lösungsfokussierte Fragen in Meetings

Sie sind vermutlich häufig in Besprechungen, nicht nur mit Mitarbeitenden, sondern auch mit Kolleginnen und Kollegen anderer Abteilungen, Geschäftspartnern und Kunden. Wie zufrieden sind Sie für gewöhnlich mit der Effizienz und den Ergebnissen dieser Meetings? Wie wäre es für Sie, wenn Ihre Meetings ein gutes Stück erfreulicher und effizienter verlaufen würden? – Eine Rückmeldung, die von Führungskräften oft zu hören ist. Hier können Ihnen lösungsfokussierte Fragen sehr gut Hilfe leisten. Sie können sie an verschiedenen Stellen des Meeting-Kontextes einsetzen. Im Folgenden gewinnen Sie eine Übersicht der primären Situationen in einem Meeting oder in einer Unterhaltung, bei denen Sie die lösungsfokussierten Fragen zielgerichtet anwenden können. Reflektieren Sie dabei stets, wie Sie diese in Ihrem persönlichen Arbeitskontext einbringen können. Möglicherweise besteht sogar die Möglichkeit, ihnen auch im privaten Bereich einen Platz einzuräumen.

[9] Zur Vorbereitung, wenn eine Agenda versendet wird

Versenden Sie mit der Einladung zum Meeting nicht nur die Agenda, sondern schreiben Sie auch: „Wie wird sie uns weiterbringen?“ Oder kurz ausgedrückt: „Ergebnis: …“ Darunter nennen Sie die jeweiligen Stichpunkte, die für dieses Meeting als Ihre kühnste Hoffnung bezeichnet werden können. Es bietet sich an, im Anschluss an das Gespräch die Ergebnisse Ihres Meetings schriftlich festzuhalten. Schriftliche Formulierungen lassen Sie von allen Personen bestätigen; damit beugen Sie im Nachhinein auftretenden Fragen und Unstimmigkeiten vor.

[10] Zum Einstieg

Wenn das Ziel nicht bekannt ist, ist kein Weg der richtige. Eine These, die sich in vielen Weisheiten und Zitaten wiederfindet. Ist Ihnen in Ihrer bisherigen beruflichen Laufbahn der Grund oder das anvisierte Ziel eines Meetings in kleinerer oder größerer Runde stets bewusst gewesen? Leider ist öfters festzustellen, dass dies nicht allen Beteiligten bekannt ist und somit das Gespräch nicht zielgerichtet und effizient ablaufen kann. Diese Thematik erscheint auf den ersten Blick als eine vermeintliche Selbstverständlichkeit jener Aspekt, welcher diesem Grund nicht so ausführlich thematisiert wird. Wird ein Thema jedoch komplizierter, oder steigt die Anzahl der Gesprächspartner, oder ist das Meeting abteilungsübergreifend, besteht zum Thema ein unterschiedlicher Wissens- oder Erfahrungsstand, können sehr schnell Missverständnisse und Wissenslücken entstehen. Um Effizienz und zielgerichtete Herangehensweise an die gestellte Aufgabe oder an das zu besprechende Thema zu gewährleisten, definieren Sie zu Beginn die Zielvorstellung.

Hierfür können Sie die folgende Fragestellung verwenden: „Worüber müssen wir sprechen, damit dieses Meeting für Sie nützlich ist?" Oder auch: „Was wäre für Sie ein wirklich gutes Ergebnis unserer Besprechung?" Gerne können Sie die Zielvorgabe auf ein Blatt Papier schreiben und in die Mitte des Tisches legen. Sie gewährleisten mit dieser Methode den ständigen visuellen Bezug zum besprechenden Thema. Ebenfalls können Sie potenziellen Abweichungen vom Inhalt vorbeugen und im Zweifel auf das gemeinsam formulierte Ziel des Meetings verweisen. Vermeiden Sie unnötige Unterhaltungen und Diskussionen über Themen, welche nicht Bestandteil der Agenda sind – gehen Sie stets strukturiert und zielgerichtet vor.

[11] Im Verlauf des Meetings, zur Erarbeitung von Lösungen

Frage an Sie, wenn es sich um kein Informationsmeeting handelt, sondern ein Arbeitstreffen ist: Welche Methoden der Lösungsfokussierten Führung würden Sie zum Erarbeiten von Lösungen einsetzen? Genau – die Skalierung und die dazugehörigen Fragen. In Abhängigkeit vom Thema können Sie diese anpassen und zusammen mit einer oder mehreren Personen anwenden. Zur persönlichen Vorbereitung und für eine allgemeine Sicherheit im Gespräch können Sie sich bereits im Vorhinein Gedanken zu den Einsatzmöglichkeiten machen. Auf diese Weise wird es Ihnen leichter fallen, die neue Methodik in die Praxis einzubringen und gesichert anzugehen.

[12] Informationsweitergabe

Geht es in Ihrem Meeting primär um die Weitergabe neuer oder allgemeiner Informationen, können Sie ebenfalls die Skalierung anwenden: Zum Anfang können Sie mit dieser Fragestellung beginnen und einen Eindruck vom Wissensstand Ihrer Teilnehmenden erhalten: „Wie gut fühlen Sie sich zu diesem Thema informiert?"

Im Anschluss an das Meeting können Sie den Verlauf sowie den resultierenden Erfolg der Informationsweitergabe reflektieren. Ebenfalls erhalten Sie eine zielführende Rückmeldung hinsichtlich noch bestehender Defizite – diese können Sie daraufhin zielgerichtet angehen: „Mit welchem Wert würden Sie sich gut fühlen oder die Aufgabe gut bewältigen können? Was benötigen Sie noch dafür?"

[13] Zum Abschluss, zur Reflexion

Meetings in größerer Runde, aber auch Einzelgespräche sollten keinesfalls überstürzt beendet werden. Ähnlich wie der Anfang ein Thema einleitet, schließt der Abschluss das Thema zielbezogen und inhaltlich ab. Als Beendigung sollten Sie die primären Inhalte, Beschlüsse und Absprachen kurz zusammenfassen und im Idealfall schriftlich fixieren. Es bedarf keiner umfangreichen Ausführungen, einige wenige Worte genügen und erfüllen den angestrebten Zweck. Bestehen Zweifel, Unklarheiten oder Missverständnisse, so haben Sie die Möglichkeit, diese direkt zu beheben. Ihnen stehen hierbei drei Herangehensweisen zur Verfügung. Beachten Sie jedoch, dass die eine Variante die andere nicht ausschließt – Sie können bei Wunsch auch alle drei nacheinander heranziehen.

Bei der Frage nach Unklarheiten oder Informationsdefiziten ist es empfehlenswert, Ihre Gesprächspartner intensiv zu beobachten. Achten Sie auf deren Körpersprache und nehmen Sie in jedem Fall Augenkontakt auf. Beobachten Sie die Personen Ihnen gegenüber und achten Sie auf mögliche Reaktionen. In vielen Kulturen werden die Augen als die Tür zur Seele betrachtet. Blicken Sie in die Augen Ihrer Gesprächsteilnehmer und versuchen Sie, Veränderungen wahrzunehmen. Sollten Sie Unsicherheit, Zweifel oder ähnliches erkennen, so sollten Sie die primären Aspekte Ihrer Unterhaltung erneut definieren. Auf der anderen Seite können Ihnen Veränderungen in der Mimik der Anwesenden die emotionale Gefühlslage verraten. Die Inhalte mögen als solche klar sein, doch es bestehen ihnen gegenüber eine gewisse Abneigung, Furcht, Sorge oder anderen subjektive Emotionen. Seien Sie aufmerksam und versuchen Sie, diesen Emotionen stets rational entgegenzutreten.

Zum Abschluss des Gespräches oder der Diskussion können Sie die primären Inhalte, Aspekte oder Beschlüsse schriftlich kurz festhalten. Nehmen Sie die zu Anfang formulierte Zielsetzung zur Hand und vermerken Sie bezugnehmend die jeweiligen Ergebnisse. Auf diese Weise sorgen Sie für einen inhaltlichen Gesprächsabschluss und beziehen sich auf die gemeinsam definierte Zielvorstellung. Keine der beteiligten Personen hat daraufhin Grund zu behaupten, das Gespräch sei nicht zielführend gewesen. Sie hatten eine gemeinschaftliche Zielvorgabe, die Sie gemeinsam erfolgreich erreicht haben; daraufhin wird die Diskussion in gemeinsamer zusammenfassender Form beendet.

Die dritte Möglichkeit nimmt Bezug auf die Lösungsfokussierten Fragen – so können Sie beispielsweise die Skala in Verbindung mit der Frage „Wie gut haben wir zusammengearbeitet?“ anwenden. Reflektieren Sie die Ihnen genannten Ressourcen und halten Sie auch etwaige Lernelemente fest, die Sie und Ihre Kolleginnen und Kollegen beim nächsten Meeting direkt umsetzen können. Dadurch werden sich alle Mitarbeitenden zunehmend für effiziente

Meetings verantwortlich fühlen, anstatt die Verantwortung Ihnen als Führungskraft und Leiter der Besprechung zu überlassen. Auch in Ihrer Abwesenheit können die neuen Methoden angewandt und schrittweise in den beruflichen Alltag implementiert werden. Durch die vielfältige Darstellung der Anwendungsmöglichkeiten fördern Sie die persönlichen Kompetenzen aller Ihrer Teammitglieder.

Ein abgerundeter Abschluss eines Meetings ist eine gute Möglichkeit der subjektiven Reflexion aller Beteiligten. Selbst wenn dies nicht von allen Personen auf eine solche Art und Weise wahrgenommen oder empfunden wird, so legen Sie dennoch den Grundstein für künftige reflektierende und herleitende Denkweisen.

Aufgabe – Die Fähigkeit, einzelne Situationen aus unterschiedlichen Blickwinkeln wahrzunehmen und zu analysieren, ist eine wertvolle Eigenschaft – ein guter Anlass, Ihre Kompetenz weiter zu fördern und auf neue Art und Weise herauszufordern. Denken Sie an Ihre früheren Meetings und Einzelgespräche: An was können Sie sich erinnern, was ist Ihnen besonders in Erinnerung geblieben? Was war positiv und was war negativ zu betrachten? Welche Aspekte oder Wesenszüge der leitenden Person oder der Beteiligten sind Ihnen explizit aufgefallen?

- positive Aspekte

____

____

____

____

- negative Aspekte

____

____

____

Reflexion – Betrachten Sie im Nachhinein derart die positiven und negativen Verhaltensweisen Ihrer eigenen Führungskräfte, verfügen Sie über eine gute Möglichkeit zur persönlichen Reflexion. Das Verhalten Dritter bezüglich Stärken und Schwächen zu analysieren fällt den meisten Menschen leichter, als das eigene Verhalten kritisch zu betrachten. Beziehen Sie Ihre Ergebnisse daraufhin auf sich selbst und versuchen Sie, einen Vergleich der erkannten Aspekte anzustellen: Welche positiven Verhaltensweisen erkennen Sie bei sich wieder, an welchen persönlichen negativen Elementen müssen Sie zukünftig arbeiten?

Lösungsfokussierte Fragen bei Problemen

Der Alltag einer Führungskraft ist vielfältiger Natur. Sie unterstützen Ihre Mitarbeitende im üblichen Arbeitsprozess und begleiten sie bei spezifischen Neuerungen und Problemstellungen. Eine Ihrer Führungsaufgaben ist es auch, Lösungen für die täglichen kleinen und großen Herausforderungen am Arbeitsplatz zu finden. Diese können bezüglich Ihrer Kolleginnen und Kollegen oder auf die übliche Arbeit mit Kunden oder Partnern gegründet sein. Auf dieser Basis analysieren Sie den jeweiligen Sachverhalt und treffen Entscheidungen zu auftauchenden Fragestellungen.

Im Kontext der Lösung von Problemen vertiefen Sie in diesem Kapitel Ihre Fähigkeit, mit Hilfe der Skalierungen Lösungsgespräche zu führen. Mit dieser Methodik lenken Sie nicht nur die eigene, sondern auch die Art des Denkens Ihrer Mitarbeitenden in Bezug auf die gewünschte Zukunft. Diese Herangehensweise ermöglicht es Ihnen und Ihrem Team, sich auf das Funktionierende der Vergangenheit und Gegenwart zu beziehen und abzuleiten, was Ihnen für die ersten konkreten Schritte hilft.

Die Skalierung gibt Ihnen durch die Fragen in alltäglichen Gesprächen und Diskussionen eine Struktur und allgemeine Orientierung. Sie haben die Möglichkeit, angenehmere Unterhaltungen über Probleme und deren Lösungen zu führen und damit einhergehend schnelle und nachhaltige Verbesserungen zu erzielen. Beachten Sie für Ihre künftige Anwendung jedoch die beiden folgenden Aspekte:

[1] Die Skalierung lässt sich sehr gut in Führungssituationen anwenden. Kommt beispielsweise eine Mitarbeiterin oder ein Mitarbeiter mit einem Problem auf Sie zu, das sie oder er offenbar nicht selbst lösen kann, können Sie mit der Skala aktiv werden. Eine weitere Möglichkeit der Anwendung ist, im Rahmen des Teammeetings, die Erarbeitung von Lösungen in einer größeren Runde. Denken Sie kurz an den vorteilhaften Unterschied, wenn Ihre Mitarbeitende anhand einer angeleiteten Unterhaltung selbstständig auf die Lösung kommen.

[2] Grenzen im Einsatz – Die Skalierung hat vielfältige Einsatzmöglichkeiten, doch sind auch diese verständlicherweise in gewisser Weise begrenzt, zum Beispiel im Fall einer fachlichen Frage oder wenn Mitarbeitende eine Entscheidung benötigen, die sie selbst nicht treffen können. Wägen Sie ab, in welchen Situationen Sie die lösungsfokussierten Fragen anwenden können und üben Sie dies so oft als möglich.

Führungskraft als Coach

> „Es ist wichtiger, Fragen stellen zu können, als auf alles eine Antwort zu haben."
>
> *James Thurber*

Entschließen Sie sich als Führungskraft, den lösungsfokussierten Ansatz anzuwenden, werden Sie typische Methoden aus dem Bereich des Coachings anwenden. Das wichtigste Werkzeug im Coaching sind Fragen. Ihre Führung anderer Personen findet im Rahmen des Stellens von Fragen statt. Fragen, welche auf die Lösungsentwicklung abzielen und Ihr Team weiter voranbringen. Sie fungieren nicht als allwissende Person, als eine Führungskraft, die stets eine Antwort parat hat. Sie sind eher als eine begleitende Person zu betrachten, eine Fragen stellende Begleitperson. Dank Ihrer Führung entsteht neues Wissen, neue Handlungsbereiche werden entdeckt und innovative Lösungsansätze entwickelt, stets das zu erreichende Ziel vor Augen habend. Manche Führungskräfte haben Angst, die hier beschriebene Art der Gesprächsführung anzuwenden, weil sie glauben, dadurch Autorität zu verlieren. Wichtig ist: Der Coaching-Stil ist eine zusätzliche Kompetenz und ersetzt nicht andere Aufgaben, die Sie wahrzunehmen haben. Sie werden weiterhin Ihr Fachwissen weitergeben, Ziele vorgeben und Rahmenbedingungen festlegen.

Führungsstile & Autorität

Dieses Kapitel behandelt mit der Autorität der Führungskraft und ihrem Führungsstil zwei Themen, auf die Sie in jedem Ratgeberbuch und in jedem üblichen Seminar zu Führungskompetenz stoßen werden. Grundsätzlich lässt sich festhalten, dass Ihr Führungsstil die Art und Weise bezeichnet, wie Sie mit Ihren Mitarbeiterinnen und Mitarbeitern umgehen, diese anleiten und im Griff haben; eben die Art und Weise, wie Sie Ihr Team führen. Die Autorität hingegen ist die Achtung, die Wertschätzung und der Respekt, der Ihnen von Ihrem Team entgegengebracht wird: sie darf nicht mit autoritärem Verhalten gleichgesetzt werden.

Beide Themen sind grundsätzlich nicht nur für junge Führungskräfte wichtig, für diese jedoch von besonders großer Relevanz: Selbstverständlich profitieren auch erfahrene Führungskräfte, die auf lange Jahre und Jahrzehnte der Personalverantwortung und Führungserfahrung zurückblicken können, von einer Auseinandersetzung mit dem Konzept der Führungsstile. Dennoch finden die meisten Führungskräfte im Laufe ihrer langen Karriere den persönlichen Weg, den persönlichen Stil – und genau dies ist auch sinnvoll. Eine Auseinandersetzung mit der hier behandelten Thematik führt dann lediglich dazu, dass die eigene Vorgehensweise mehr oder weniger kritisch reflektiert und unter Umständen in (kleinsten) Nuancen angepasst und variiert wird. Für Sie als junge Führungskraft, die sich noch auf der Suche nach ihrem persönlichen Stil befindet, ist eine Auseinandersetzung mit Führungsstilen deutlich wichtiger; geradezu essentiell. Dadurch gewinnen Sie wertvolle Zeit, da Ihre Suche nach Ihrem sinnvollen Stil deutlich effizienter verläuft. Die im folgenden Kapitel aufgezeigten Aspekte helfen Ihnen,

- zeit- und unter Umständen kostenintensive Irrwege bei der Suche nach dem eigenen Weg zu vermeiden,
- das eigene Handeln kritisch zu reflektieren,
- Entscheidungen auf Basis theoretischen Wissens zu treffen,

- schnell und erfolgreich ein Gefühl für das – auch unter Druck – richtige Handeln in Führungssituationen zu entwickeln.

Autorität hingegen basiert zwar – zumindest in Teilen – auf Ihrem Handeln, jedoch wird sie Ihnen seitens Ihrer Mitarbeitenden verliehen. Das bedeutet, allein Ihr Handeln, allein Ihre Person kann nicht sicherstellen, dass Ihre Mitarbeiterinnen und Mitarbeiter Sie als eine Person ansehen, der sie Wertschätzung, Respekt und Achtung entgegenbringen, der sie auch in schwierigen Situationen folgen und auf deren Führung sie vertrauen. Ist der Aspekt der Autorität für langjährige Führungskräfte nur selten Inhalt kritischer Selbstreflexion, müssen Sie als junge Führungskraft diesen in den Fokus Ihrer Entwicklung rücken. In deutlichen Worten: Während selbst gestandene Nationalspieler einem Pep Guardiola allein aufgrund seiner bisherigen Erfolge und seines Rufes als erstklassigem Fußballtrainer an den Lippen hängen und zu seinem Team wechseln möchten, muss ein vergleichsweise unerfahrener und weniger Erfolge aufweisender Profitrainer am Beginn seiner Karriere sich seinen Stars gegenüber erst behaupten; sie werden ihn testen, auf die Probe stellen und ihm erst dann bedingungslos folgen, wenn es ihm durch sein aktuelles Handeln gelungen ist, sie zu überzeugen. Aktuell befinden Sie als junge Führungskraft sich in der Situation dieses Trainers – kämpfen Sie um Ihre Autorität, auf dass Ihr Team sich entscheidet, Ihnen diese entgegenzubringen.

Führungsstile

Das Konzept der Führungsstile geht ursprünglich auf die Sozialpsychologie zurück und entstammt einer Zeit, als Forschungs- und monetäres Potenzial eher im pädagogischen Sektor beheimatet waren als im unternehmerischen. Dabei bezeichnet der Begriff **Führungsstil**:

> „Typische Art und Weise des Verhaltens von Vorgesetzten gegenüber einzelnen Untergebenen und Gruppen."
>
> *Gabler Wirtschaftslexikon*

Häufig finden Sie auch ein weiteres Begriffsverständnis, das die Einstellungen und Werte der Führungskraft ebenso umfasst wie deren Verhalten. Dies erscheint logisch: Ein Vorgesetzter beispielsweise, der in hauptsächlich brüllt, mit Entlassungen droht und sogar die Verweildauer seiner Mitarbeiter auf der Toilette kontrolliert, wird seinem Team in der Regel nur wenig Wertschätzung entgegenbringen und die Werte Rücksichtnahme, Eigenverantwortung und Würde des Menschen eher geringschätzen. Dieses Begriffsverständnis jedoch bedeutet, dass Führungsstil nicht einfach antrainierte Verhaltensweisen bezeichnet, sondern vielmehr auch die dahinterstehende Einstellung.

Bevor Sie sich den weiteren Ausführungen zu effizienten und weniger effizienten Führungsstilen widmen, möchte ich Sie an dieser Stelle bitten, den folgenden Fragebogen durchzuarbeiten. Bitte tun Sie dies tatsächlich im Vorfeld des nun folgenden Kapitels, um den Fragebogen möglichst unvoreingenommen und ohne Beeinflussung durch noch folgende, etwaige bislang unbekannte Informationen zu bearbeiten.

Kreuzen Sie dabei einfach an, wie stark Sie den einzelnen Aussagen zustimmen. Dabei bedeuten die Ziffern Folgendes:

① Ich stimme in keiner Weise zu.

② Ich stimme nicht zu.

③ Hier bin ich eher neutral.

④ Ich stimme zu.

⑤ Ich stimme absolut zu.

1	Mitarbeitende müssen prinzipiell mit Belohnungen im Sinne von Bonuszahlungen und Ähnlichem oder aber mit Strafen motiviert werden, um hochgesteckt Ziele zu erreichen.	① ② ③ ④ ⑤
2	Mitarbeitende haben Interesse, an Entscheidungsprozessen beteiligt zu werden.	① ② ③ ④ ⑤
3	Sobald Mitarbeitende nicht genau kontrolliert werden oder aber das Gefühl haben, kontrolliert zu werden, sinkt ihre Produktivität.	① ② ③ ④ ⑤

4	Die meisten Mitarbeitenden sind an regelmäßigem und ehrlichem Feedback ihrer Vorgesetzten interessiert.	① ② ③ ④ ⑤
5	Die meisten Mitarbeitenden wollen den regelmäßigen Austausch mit ihren Vorgesetzten.	① ② ③ ④ ⑤
6	Herausforderungen meistern Mitarbeitende am besten alleine ohne Einmischung des Vorgesetzten.	① ② ③ ④ ⑤
7	Komplexe Situationen sind für die Mitarbeitenden vor dem Hintergrund ihrer täglichen Arbeitspraxis am besten ohne Einflussnahme ihres Vorgesetzten zu bewältigen.	① ② ③ ④ ⑤
8	Der Vorgesetzte ist die Instanz, die Arbeitsleistung und Erfolg des Teams beurteilt.	① ② ③ ④ ⑤
9	Gute Führungskräfte helfen ihren Mitarbeitenden dabei, Verantwortung für die eigene Arbeitsleistung zu übernehmen.	① ② ③ ④ ⑤
10	Die wichtigste Aufgabe guter Führungskräfte ist es, denn Mitarbeitenden im Tagesgeschäft nicht im Weg zu stehen.	① ② ③ ④ ⑤
11	Es ist Aufgabe der Führungskraft, die Kompetenzen und Stärken ihrer Mitarbeitenden gezielt einzusetzen.	① ② ③ ④ ⑤
12	Erfahrungsgemäß ist die Mehrzahl der Mitarbeitenden unmotiviert und eher faul.	① ② ③ ④ ⑤
13	Das Gros der Mitarbeitenden ist bei ihrer Tätigkeit eher unsicher und benötigt konkrete Anweisungen und Vorgaben.	① ② ③ ④ ⑤

14	Mitarbeitenden sollte absolute Freiheit gegeben werden, so dass diese Probleme und Schwierigkeiten alleine bewältigen können.	① ② ③ ④ ⑤
15	In den meisten Situationen verzichten die Mitarbeitenden gerne auf Einmischung und Einflussnahme ihres Vorgesetzten.	① ② ③ ④ ⑤
16	Grundsätzlich sind die meisten Mitarbeitenden kompetent und machen einen guten Job.	① ② ③ ④ ⑤
17	Gute Führungskräfte geben klare Anweisungen und teilen ihren Mitarbeitenden mit, was genau auf welche Weise zu tun ist.	① ② ③ ④ ⑤
18	Im Allgemeinen ist es als Führungskraft am sinnvollsten, sich im Hintergrund zu halten.	① ② ③ ④ ⑤

Vielen Dank, dass Sie sich die Zeit für diesen Fragebogen genommen haben – auf seine Auswertung kommen wir gleich zu sprechen. Die einzelnen Items dieses Fragebogens beziehen sich auf das Urkonzept der Führungsstile von Kurt Lewin. Dieser unterschied ursprünglich zwischen zwei Stilen: dem autoritären Führungsstil und dem partnerschaftlich-demokratischen Führungsstil. Erst zu einem späteren Zeitpunkt, als Lewin nicht mehr bestreiten konnte, dass sich nicht jede Person in eine dieser beiden Schubladen stecken lässt, kreierte er den dritten Führungsstil: Laisser faire (franz.: lass sie mal machen). Bei diesem handelt es sich genau betrachtet eigentlich gar nicht um einen Führungsstil, da die Führungskraft bei diesem kaum bzw. in keiner Weise führt. Aber lassen Sie uns zur Auswertung schreiten:

Addieren Sie die Werte bei den folgenden Aussagen:

- 1, 3, 8, 12, 13, 17
  Gesamtpunktzahl: _____ (autoritärer Stil)
- 2, 4, 5, 9, 11, 16
  Gesamtpunktzahl: _____ (partnerschaftlich-demokratischer Stil)

- 6, 7, 10, 14, 15, 18

  Gesamtpunktzahl: _____ (Laisser faire)

Anhand Ihrer Gesamtpunktzahl können Sie feststellen, welcher der drei Stile bei Ihnen dominiert:

- Wenn Ihre Punktzahl bei 26 bis 30 liegt, ist dieser Stil bei Ihnen sehr stark ausgeprägt.
- Wenn Ihre Punktzahl bei 21 bis 25 liegt, ist dieser Stil bei Ihnen stark ausgeprägt.
- Wenn Ihre Punktzahl bei 16 bis 20 liegt, ist dieser Stil bei Ihnen moderat ausgeprägt.
- Wenn Ihre Punktzahl bei 11 bis 15 liegt, ist dieser Stil bei Ihnen schwach ausgeprägt.
- Wenn Ihre Punktzahl bei 6 bis 10 liegt, ist dieser Stil bei Ihnen sehr schwach ausgeprägt.

Diesen drei Stilen lassen sich jeweils eindeutige Verhaltensweisen der Führungskraft und Folgen auf seiten der Mitarbeitenden zuweisen:

[1] Autoritärer Führungsstil

Führungskraft	Mitarbeitende
trifft sämtliche Entscheidungen alleine; sieht Mitarbeitende lediglich als ausführende Organe; bezieht Mitarbeitende nicht in Entscheidungsprozesse ein; verhält sich kühl und distanziert gegenüber Mitarbeitenden; sieht eher die Einzelpersonen als sein Team; legt großen Wert auf seine formale Autorität;	werden demotiviert; machen Dienst nach Vorschrift; fragen bei jeder zusätzlichen Anstrengung, was sie persönlich davon haben; identifizieren sich kaum mit dem Unternehmen; entwickeln kaum innovative Ideen; bemühen sich in Problemsituationen nicht um kreative Lösungen;

macht Vorgaben und ist nicht bereit, diese zu diskutieren; sieht sich ihren Mitarbeitenden überlegen; hält Distanz zu den Mitarbeitenden; Informationsaustausch erfolgt ausschließlich über den Dienstweg; kontrolliert ihre Mitarbeitenden und führt sehr eng; sieht mangelnden Erfolg im Einsatz der Mitarbeitenden begründet; handelt aus Pflichtgefühl und Leistungsorientierung.	stellen Eigeninitiative weitgehend ein; haben keine Einwände gegen objektiv falsche Entscheidungen der Führungskraft; übernehmen kaum Verantwortung; suchen bei Fehlern und Problemen nach dem Schuldigen, nicht nach einer Lösung; sehen sich als Einzelkämpfer, nicht als Team; sind offener für Abwerbeversuche von Konkurrenzunternehmen; unterstützen Kolleginnen und Kollegen wenig, sondern sehen sich nur in der Verantwortung für die eigene Arbeitsleistung.

Die Nachteile für das Unternehmen überwiegen bei dieser Art der Führung deutlich: Aufgrund des mangelnden Einsatzes der Mitarbeitenden werden Ziele nicht erreicht, die Innovationsrate sinkt und das Unternehmen bleibt langfristig hinter Konkurrenten zurück.

Die Vorteile dieses Führungsstils sind schnell zusammengefasst: autoritäre Führung ermöglicht schnelle Entscheidungen sowie rasches Handeln und kann deshalb in Krisensituationen angebracht sein. Außerdem ist bei dieser Art der Führung eindeutig, wer die Verantwortung für Entscheidungen trifft.

[2] Laisser faire- Führungsstil

Führungskraft	Mitarbeitende
bleibt passiv und wird nur auf Anfrage hin tätig; legt Entscheidungen wann immer möglich in die Hände ihrer Mitarbeitenden; verzichtet auf Anweisungen und Kontrolle; gibt kein Feedback; ist nur auf Wunsch der Mitarbeitenden zu Gesprächen bereit; gibt keine Regeln vor; → führt genau genommen überhaupt nicht.	haben maximale Freiheit für eigenständige Entscheidungen; leisten sich Undiszipliniertheit; nutzen die ihnen gewährte Freiheit nicht bloß, sondern nutzen diese aus; sehen Kolleginnen und Kollegen stark als Konkurrenten; sehnen sich nach Führung und Unterstützung; verlieren Motivation und Leistungsbereitschaft; neigen dazu, andere Teammitglieder auszugrenzen und zu mobben; fühlen sich durch die vielen eigenständig zu treffenden Entscheidungen belastet und überfordert.

Die Nachteile dieses Stils auf Unternehmensebene sind vielfältig und gravierend: Krankenstand, Fluktuation und Unzufriedenheit steigen drastisch. Die Arbeitsdisziplin und -leistung nehmen ab, gesetzte Ziele werden nicht erreicht und es entstehen chaotische Zustände.

Ebenso wie beim autoritären Stil benötigen auch die Vorteile einer Führung nach dem Prinzip Laisser faire nicht viel Platz: Außerordentlich motivierte und selbstständige Mitarbeitende bekommen in der Theorie die Freiheit, ihr Potenzial zu nutzen und ihre Stärken einzubringen.

[3] Partnerschaftlich-demokratischer Führungsstil

Führungskraft	Mitarbeitende
delegiert Aufgaben, Verantwortung UND Kompetenzen; sucht den Austausch mit ihren Mitarbeitenden; akzeptiert und würdigt auch abweichende Meinungen; löst Spannungen mittels Gespräche und Kompromisse; informiert ihre Mitarbeitenden über Sinn und Zweck der übertragenen Aufgaben; berücksichtigt nach Möglichkeit die Bedürfnisse und Wünsche der Mitarbeitenden; unterstützt Mitarbeitende dabei, die übertragenen Aufgaben zu bewältigen; räumt ihren Mitarbeitenden große Freiheiten ein, ohne jene jedoch alleine zu lassen.	arbeiten selbstständig und ergreifen bei Problemen die Initiative; identifizieren sich mit dem Unternehmen; agieren innovativ und haben das Wohl des Unternehmens im Blick; unterstützen bei Bedarf Kollegen und Kolleginnen.

Gerade im Vergleich mit den anderen Führungsstilen fallen die konkreten Vorteile des partnerschaftlich-demokratischen Stils besonders ins Auge: Die getroffenen Entscheidungen gewinnen an Qualität, wodurch die Anzahl getroffener Fehlentscheidungen sinkt. Das Arbeitsklima ist positiv und fördert Innovationen und Veränderungsprozesse.

Anders als bei den ersten beiden dargestellten Führungsstilen fallen die Nachteile beim partnerschaftlich-demokratischen Stil eher dürftig aus: Eine derartige Führung kostet die Führungskraft vergleichsweise viel Zeit.

Diese Vorteile des partnerschaftlich-demokratischen Erziehungsstils machen diese Art zu führen für Professor Dieter Frey von der Ludwig-Maximilians-Universität München in den meisten Fällen zum besten Führungsstil.

Weitere Stile

Mittlerweile haben jedoch sowohl Erziehungswissenschaftler als auch Psychologen und Experten für Arbeitsorganisation das ursprüngliche Modell von Lewin um zahlreiche weitere Führungsstile ergänzt.

Dieter Frey weist darauf hin, dass es nicht prinzipiell den richtigen Führungsstil gebe – sehr wohl jedoch den falschen. In Abhängigkeit von der Persönlichkeit der Führungskraft, den einzelnen Charakteren der Teammitglieder, der Unternehmensstruktur und den zu bewältigenden Aufgaben können unterschiedliche Führungsstile angebracht sein; unter Umständen sogar ein Mix unterschiedlicher Stile oder eine wechselnd auf einzelne Mitglieder des Teams übertragene Führung (shared leadership). Gerade Letzteres jedoch ist in der Praxis häufig wenig erfolgreich und führt zu größeren Problemen. Vor allem als junge Führungskraft sollten Sie auf derartige Experimente verzichten.

Im Folgenden eine Auswahl in vielen Situationen und Konstellationen erfolgreicher Führungsstile. Im Idealfall nehmen Sie deren Eigenheiten zur Kenntnis, hinterfragen ihren Nutzen und weshalb diese funktionieren, und entscheiden für sich, ob diese Art zu führen zu Ihrer Persönlichkeit und Ihren Aufgaben passt. Je intensiver Sie sich mit der Theorie der Führungsstile und der Praxis Ihrer eigenen Führungsarbeit auseinandersetzen, desto wahrscheinlicher ist es, dass Sie Ihren ganz persönlich erfolgreichen Stil entwickeln.

Der **autoritativ-direkte Führungsstil** bietet die gleichen Vorteile wie der autoritäre Führungsstil, vermeidet jedoch dessen Nachteile. So gibt eine autoritativ-direkte Führungskraft zwar ebenfalls klar und deutlich Ziel und Richtung vor, macht den Mitarbeitenden Vorschriften und gibt Anweisungen, vergisst dabei jedoch den

Einzelnen nicht. Vielmehr begründet sie, weshalb sie die Vorschriften erlässt und weshalb sie genau diese konkrete Anweisung erteilt.

Sowohl Grundlage als auch Stärke autoritativ-direkter Führung ist die klare Kommunikation. Die Mitarbeitenden erfahren zweifelsfrei, was von ihnen erwartet wird. Autoritative Führung findet sich beispielsweise im militärischen Kontext. Hier erfordern brenzlige Einsatzsituationen klare Anweisungen, die ohne jegliche Diskussion befolgt werden. Sollten Sie Ihr Team autoritativ führen wollen, sollten Sie sich um den Spagat zwischen Strenge und Wertschätzung bemühen.

Andererseits schränkt eine autoritativ-direkte Führungskraft ihre Mitarbeitenden insofern stark ein, als sie nur wenig Spielraum für individuelle Entscheidungen, kreative Lösungsfindung und innovative Ansätze lässt. Als Leiter der Marketing- oder Entwicklungsabteilung sollten Sie von diesem Führungsstil also eher die Finger lassen.

Als **transformationale** Führungskraft sehen Sie sich eher in der Rolle des Coaches Ihrer Mitarbeitenden. Sie führen vor allem durch sechs Faktoren:

[1] Sie agieren als Vorbild und sind sich Ihrer Vorbildwirkung bewusst.
[2] Sie inspirieren Ihre Mitarbeitenden und schaffen positive Herausforderungen für diese.
[3] Sie stimulieren Ihr Team und regen Eigeninitiative an.
[4] Sie denken und handeln unternehmerisch und fördern Veränderungen.
[5] Sie nutzen und fördern die Kompetenzen Ihrer Mitarbeitenden.
[6] Sie kommunizieren klar und ehrlich mit Ihrem Team, Ihre Kommunikation ist von Vertrauen, Offenheit und Transparenz geprägt.

Durch eine derartige Führungsarbeit ändern sich – soweit die Theorie – die Werte, individuellen Ziele und die Qualität der erbrachten Leistung der Mitarbeiterinnen und Mitarbeiter. Zwischen

Führungskraft und Mitarbeitenden entsteht eine Vertrauensbasis, auf der die Mitarbeiter eigenständiger handeln und sich dem Unternehmenswohl stärker verpflichtet fühlen. Der transformationale Führungsstil ist eng verwandt mit dem Führen mittels Zielvereinbarungen und gilt sogar als dessen Weiterentwicklung. Viele Studien belegen seine positiven Auswirkungen auf den wirtschaftlichen Erfolg eines Unternehmens.

Inwieweit Sie sich dies – gerade als Berufseinsteiger und/oder junge Führungskraft – zutrauen, bleibt Ihnen überlassen. Nicht vorenthalten möchte ich Ihnen an dieser Stelle jedoch drei Hinweise:

[1] Eine von Professor Waldemar Pelz durchgeführte Studie kam zu dem Ergebnis, dass der Großteil transformational führender Vorgesetzten älter als 44 Jahre ist. Demnach haben Sie vermutlich noch etwas Zeit, bis Sie sich diesen Stil zu eigen machen.

[2] Ihre Vorbildwirkung beschränkt sich nicht darauf, morgens der erste im Büro zu sein oder den Schreibtisch nach Feierabend schön brav aufzuräumen.

[3] Der Arbeits- und Organisationspsychologe Peter Behrendt vom Freiburg Institut bezeichnet die transformationale visionäre Führung, bei der die Führungskraft die Mitarbeitenden auf ein großes, gemeinsames Ziel einzuschwören versucht, als den am meisten überschätzten Führungsstil.

Die **transaktionale** Führung hingegen erscheint auf den ersten Blick als Führungsstil, der Mitarbeitende als kleine, unmündige Kinder sieht, die mittels Belohnung und Strafe dazu gebracht werden müssen, das Richtige zu tun. In der Realität jedoch ist diese Führungsarbeit deutlich komplexer. Transaktionale Führung ist gekennzeichnet durch nahezu ausschließliche Ziel- und Ergebnisorientierung und eindeutig kommunizierte Regeln, Strukturen und Vorgaben. Die Mitarbeitenden sind sich in jedem Moment bewusst, was von ihnen erwartet wird und was sie als Gegenleistung dafür erwarten dürfen. Das heißt, als transaktional agierende Führungskraft übertragen Sie Ihren Mitarbeitenden konkrete Aufgaben und belohnen deren Erledigung durch Bonuszahlungen, Gehaltsanpassungen und Aufstiegsmöglichkeiten. Ihre Mitarbeitenden hingegen agieren als Homo oeconomicus, der ganz rational entscheidet, seine Arbeitskraft gegen finanzielle Zuwendungen, seine gesteigerte Arbeitskraft gegen gesteigerte finanzielle Zuwendungen einzutauschen.

Der transaktionale Führungsstil ist vor allem dann effizient, wenn sich einerseits Aufgaben und Ziele klar und eindeutig festlegen lassen und Mitarbeitende andererseits wenig intrinsische Motivation haben, sich kaum mit dem Unternehmenserfolg identifizieren und eher einfache, geradezu stumpfsinnige Tätigkeiten zu erledigen sind. In anderen Worten, der Teamleiter einer an einem Fließband eingesetzten Mannschaft kann die Erreichung einer eindeutig vorgegebenen Anzahl Produktionsstücke mit einem Akkordzuschlag belohnen. Wenn Innovationen, Weiterentwicklungen und die Pflege von Kundenkontakten zu den Zielen gehören, lassen sich diese weder eindeutig festlegen noch lassen sich Kreativität, Umgangsformen und Ideenreichtum der verantwortlichen Mitarbeitenden durch die Aussicht auf Belohnung und Strafe effizient steigern.

Beachten Sie bei der transaktionalen Führungsarbeit auch, dass der mit Belohnungen einhergehende Reiz und die mit Strafen einhergehende Drohung nach und nach abstumpfen. Ein kleines Kind wird sich nach der x-ten Belohnung mittels einer Tüte Gummibärchen auch durch die Aussicht auf weitere Süßigkeiten irgendwann nicht mehr motivieren lassen, sein Zimmer aufzuräumen. Genauso werden Ihre Mitarbeitende, sind Gehalt und Boni erst ausreichend gestiegen, sich durch die Aussicht auf weitere finanzielle Vorteile nicht noch mehr ins Zeug legen.

Nicht ausführlich eingegangen werden soll an dieser Stelle auf den destruktiven Führungsstil, der geradezu als Steigerung des autoritären Stils gesehen werden kann und bei dem Mitarbeitende nahezu systematisch gedemütigt werden.

An dieser Stelle möchte ich Sie nochmals an Professor Freys Hinweis erinnern, dass es nicht den einen richtigen Führungsstil an sich gibt. Er betont, dass sich zwar in den meisten Untersuchungen der partnerschaftlich-demokratische Führungsstil als überlegen erwiesen hat, gerade schwierige, wenig motivierte Mitarbeiterinnen und Mitarbeiter aber häufig klare Anweisungen und Grenzen und autoritäre oder aber autoritativ-direkte Führung benötigen.

In diesem Sinne ist es nicht Ziel dieses Kapitels, dass Sie sich für einen der dargestellten Stile entscheiden und diesen in allen Lebenslagen praktizieren. Vielmehr sollten Sie sich des eigenen aktuellen Stils sowie der Auswirkungen Ihres Handelns in Führungssituationen bewusst werden, nach und nach das Gespür entwickeln, zu welche Art der Führung in welcher Situation und bei welchem Mitarbeitenden sinnvoll ist und vor allem, welcher Führungsstil zu Ihnen passt.

Autorität

Der Begriff Autorität ist gerade in Deutschland etwas in Verruf gekommen. Mit diesem sind die unterschiedlichsten Assoziationen verbunden. Eine Umfrage des Allensbach-Archivs zeigt, dass nur etwa die Hälfte der Befragten Autorität mit Positivem verknüpfen:

positive Assoziationen (53 Prozent)

- Respekt, Achtung, Vorbild
- Ausstrahlung, natürliche Autorität
- Verantwortung, Fürsorgepflicht
- weitere positive Konnotationen

neutrale Assoziationen (14 Prozent)

- Macht, Stärke, Durchsetzungsvermögen
- Ämter, Behörden, Staatsgewalt
- Regeln, Gesetze, öffentliche Ordnung
- Kindererziehung, Eltern-Kind-Verhältnis

negative Assoziationen (33 Prozent)

- rechthaberisch, bestimmt, dominant
- Strenge, Unerbittlichkeit, Härte

- Diktatur, Nationalsozialismus
- Autoritätsmissbrauch

Diese große Bandbreite geht auf ein unklares Begriffsverständnis zurück, da häufig nur unzureichend zwischen Autorität haben und autoritär sein unterschieden wird. Am deutlichsten wird der Unterschied zwischen diesen beiden Formulierungen, wenn sie auf ihren Ursprung im antiken Rom zurückgeführt werden:

- Im alten Rom wurde Auctoritas – der Vorläufer des heutigen Begriffs Autorität – den Senatoren zugesprochen. Ihnen wurde Weisheit, Würde, Geltung und Ansehen zugeordnet; Dinge, die noch heute Führungskräften das Leben und die Einflussnahme auf Mitarbeitende erleichtern.
- Autoritäres Handeln wie Befehle, Strafen, Züchtigung oder auch Belohnung hingegen wurde als Potestas bezeichnet und oblag den Staatsbeamten. Die heutige Führungskraft hat diese Handlungsmöglichkeiten zwar prinzipiell auch, doch sind diese wenig zielführend.

Eine sehr passende Definition von Autorität liefert Hermann Hobmair, der diese mit dem Innehaben von sozialer Macht und Einfluss gleichsetzt. Und genau dies ist es, was Sie als Führungskraft möchten! Sie wollen Einfluss auf Ihre Mitarbeiter, ohne drohen zu müssen. Sie wollen Mitarbeitende, die Sie nach Kräften unterstützen wollen. Sie wollen ein Team, das Ihnen bedingungslos folgt.

Autoritäres Handeln hingegen – Strafen, Drohen und Belohnen – funktioniert nur zeitweise. Der höchste Bonus am Jahresende ist spätestens nach dem Weihnachtsurlaub vergessen. Die angedrohte Abmahnung oder Bonuskürzung bleiben wirkungslos, wenn der Mitarbeitende sich seines hohen Stellenwerts auf dem Arbeitsmarkt bewusst ist.

Anders als autoritäres Verhalten gründet Autorität auf Vertrauen und Wertschätzung und wird der Führungskraft seitens seiner Mitarbeitenden freiwillig zugesprochen.

Aspekte positiver Autorität oder: Wie bekomme ich Autorität?

Wird Autorität als Bestandteil einer zwischenmenschlichen Beziehung gesehen, so ist es selbstverständlich, dass diese nicht garantiert werden kann. Egal wie vorbildlich und überzeugend eine Führungskraft auch sein mag, egal wie toll sie sich verhält – vermutlich wird es in den meisten Teams das eine oder andere Mitglied geben, das Sie dennoch nicht als Autorität ansieht. Denken Sie an abgelehnte Mitbewerber um Ihre Position, denken Sie an Personen, die innerlich bereits gekündigt haben und denken Sie an Personen, deren Charakter durch Misstrauen und Skepsis geprägt ist.

Dennoch ist es, ausgehend von der Frage nach Ihrer Führungsrolle selbstverständlich interessant, aus welchen Aspekten sich Autorität zusammensetzt oder, in anderen Worten: Weshalb sollten Ihre Mitarbeiterinnen und Mitarbeiter Ihnen folgen? Weshalb sollten Ihre Mitarbeiterinnen und Mitarbeiter einem Jungspund wie Ihnen folgen? Behalten Sie bei diesen Fragen stets im Hinterkopf, dass es Ihnen um die freiwillige Anerkennung Ihrer Führung geht. Es geht nicht darum, Mitarbeitende mit Sanktionsmaßnahmen oder mit übermäßigen Belohnungen und Boni zu Gehorsam und Fügsamkeit zu verleiten.

In der Regel kann zwischen drei, teilweise auch zwischen vier Formen der Autorität unterschieden werden. An dieser Stelle soll die Auftragsautorität, die beispielsweise bei Kron und Callo Verwendung findet, außen vor bleiben:

- Die **Amtsautorität** ist der Aspekt Ihrer Autorität, der Ihnen mit Ihrer Beförderung auf den Chefsessel automatisch verliehen wird. Allein die Tatsache, dass Sie nun Vorgesetzte oder Vorgesetzter sind, allein die Tatsache, dass Ihnen seitens des Unternehmens oder übergeordneter Instanzen Verantwortung übertragen wird, gibt Ihnen ein gewisses Maß an Autorität. Als Vorgesetzte oder Vorgesetzter steht es Ihnen eben einfach zu, Entscheidungen zu treffen, Anordnungen zu geben und – in gewissem Maße – Sanktionen und Belohnungen auszusprechen. Inwiefern Ihnen Ihre Amtsautorität bei der Führung Ihrer Mitarbeitenden hilft, darf bezweifelt werden. Autorität gewinnt man nicht allein durch die Position, die man innehat, Autorität muss auf Basis weiterer Aspekte verdient werden. Ein Vorgesetzter, der sich bei der Führungsarbeit ausschließlich auf seine Position beruft, wird zwangsweise früher oder später an Mitarbeitenden scheitern, die Dienst nach Vorschrift machen, eigenständiges Denken einstellen und die Verantwortung für Fehlleistungen und Schwierigkeiten ausschließlich bei Ihnen suchen.

- Deutlich wichtiger als die Amtsautorität ist Ihre **Sachautorität**. Der häufig verwendete Begriff Expertenautorität trifft den Nagel genau auf den Kopf, denn hier geht es anders als bei der Amtsautorität um Ihr tatsächliches Können, um Ihre Kompetenz. Beachten Sie dabei jedoch, dass in Ihrer neuen Rolle als Führungskraft nicht allein Ihr fachliches Können an sich – beispielsweise im Verkauf, wenn Sie zum Abteilungsleiter Sale befördert werden – gefragt ist, sondern dass hierzu auch die Beherrschung der unterschiedlichen Führungsinstrumente zählt. Ihr Umgang mit unterschiedlichen Instrumenten der Mitarbeitermotivation, der Einsatz von Werkzeugen zur Konfliktlösung und Ihre Fähigkeit, den Einsatz und die Zusammenarbeit von Mitarbeiterinnen zu koordinieren sind hier besonders relevant.
- Wichtiger jedoch als die beiden letztgenannten Aspekte ist für Ihre Führungsarbeit Ihre **Personenautorität**. Hierzu zählen all die weichen Faktoren, die Sie als Person ausmachen und die dafür sorgen, dass andere Personen Sie als positiv wahrnehmen. Personenautorität wird Ihnen von Ihren Mitarbeiterinnen und Mitarbeitern zugesprochen, wenn Sie sich durch besondere Merkmale der eigenen Persönlichkeit auszeichnen, durch die Sie das Vertrauen und die Achtung der Mitarbeitenden gewinnen. Derartige Führungskräfte überzeugen durch ihr Wesen und ihre Ausstrahlung, durch Auftreten, Freundlichkeit, Konfliktfähigkeit, Durchsetzungsvermögen, Kommunikationsfähigkeit und Respektbereitschaft, aber auch durch viele weitere Aspekte.

In anderen, kurz gefassten Worten

Kein Mitarbeiter, keine Mitarbeiterin wird Ihnen begeistert folgen und zuarbeiten, nur weil Sie die Position des Vorgesetzten innehaben. Beweisen Sie jedoch Ihr fachliches Können, sprechen Mitarbeitende Ihnen Sachkompetenz zu und werden Ihnen bereitwilliger folgen. Mitarbeitende jedoch, die mit Ihnen auch durch ein Tal von Tränen gehen, bereitwillig Überstunden leisten, wenn ein Projekt aus dem Ruder zu laufen droht und eigenständig Lösungsansätze und Innovationen einbringen, bekommen Sie, wenn man Ihnen aufgrund Ihrer Persönlichkeit Autorität zuspricht.

Und jetzt? Was bedeutet dies für Ihre Rolle als junge Führungskraft? Zunächst einmal lässt sich die Amtsautorität schnell abhandeln beziehungsweise abhaken. Die Position der Führungskraft und des Vorgesetzten haben Sie nun einmal inne. Seien Sie sich jedoch jederzeit gewiss, dass Sie sich eher selten auf Ihre Vorgesetztenrolle zurückziehen und mit den Machtinstrumenten Strafe und Belohnung agieren sollten.

Was Ihre Sachautorität angeht, muss zwischen Ihrem fachlichen Können und Ihrer Fähigkeit zu führen unterschieden werden. Deshalb eine kleine, mehrteilige Aufgabe:

Wo sehen Sie aktuell Ihr fachliches Können? Weshalb wurden Sie auf dem Chefsessel platziert? Möglicherweise haben Sie durch Ihr fachliches Können überzeugt. In vielen Fällen jedoch ist fachliches Können bei der Besetzung von Führungspositionen jedoch eher sekundär. Wichtiger ist häufig Ihre Führungskompetenz an sich. Dies bedeutet, Sie müssen nicht der beste Verkäufer sein, um die Verkaufsabteilung erfolgreich zu leiten. Es muss Ihnen nur gelingen, all die Experten erfolgreich zu führen. Dennoch sollte Ihr fachliches Können nicht zu drastisch hinter dem Ihrer Mitarbeitenden zurückbleiben. Seien Sie kritisch gegenüber der eigenen Person und identifizieren Sie Nachholbedarf auf fachlicher Ebene. Wo bieten sich hier Fortbildungen, wo ein vertieftes Selbststudium an? Nehmen Sie sich etwas Zeit und identifizieren Sie hier Status quo, eventuelle Defizite und Möglichkeiten, diese zu beheben.

Auf der anderen Seite fällt Ihre Führungskompetenz in den Bereich der Sachautorität. Weshalb sollten Ihre Mitarbeitenden Ihnen die Führungsrolle überhaupt zutrauen? Gerade in diesem Bereich bietet sich jungen Führungskräften häufig Raum für Verbesserungen. Sammeln Sie in den Folgetagen Fortbildungsangebote und Literatur, die Ihnen hilft, die eigene Führungskompetenz auszubauen.

Von Mitarbeitenden Personenautorität zugesprochen zu bekommen ist häufig ein sehr steiniger Weg, führt jedoch zu besonders effizienten Führungsverhältnissen. Personenautorität wird Ihnen aufgrund vieler einzelner, kleiner Persönlichkeitsmerkmale zugesprochen, ohne jedoch abschließend garantiert werden zu können. Erstellen Sie im Folgenden eine Liste, um die Bereiche zu identifizieren, in denen Sie sich fortentwickeln sollten oder wollen.

Sammeln Sie dazu zunächst die Charakter- und Persönlichkeitseigenschaften, durch die Sie sich Ihrer Meinung nach auszeichnen.

Bitten Sie auch weitere, Ihnen vertraute Personen, eine Liste Ihrer Charaktereigenschaften zu erstellen. Dies kann Ihr Partner oder Ihre Partnerin sein, den oder die Sie fragen, weshalb er oder sie eine Beziehung mit Ihnen eingegangen ist – weisen Sie dabei jedoch darauf hin, dass Sie an Ihren Charakterzügen und Persönlichkeitsmerkmalen interessiert sind. Die Nennung Ihres tollen Autos ist eben so wenig zielführend wie die Aufzählung Ihrer sexuellen Qualitäten;)

Ihr Ansprechpartner kann aber auch ein ehemaliger Arbeitskollege sein, den Sie fragen, weshalb er die Zusammenarbeit mit Ihnen vermisst. Wichtig dabei jedoch ist: Fragen Sie gezielt nach negativen Aspekten. Fragen Sie Ihren Partner, welcher Persönlichkeitszug es ihm erschwert, mit Ihnen zusammen zu leben. Fragen Sie Ihren ehemaligen Kollegen, welche Eigenschaften ihn an Ihnen störte.

Werten Sie die eigene Wahrnehmung sowie die Hinweise der von Ihnen Befragten anschließend aus und bewerten Sie abschließend die eigene Persönlichkeit in folgenden Bereichen mit den Schulnoten von 1 bis 6:

- Ausstrahlung 1 2 3 4 5 6
- Auftreten 1 2 3 4 5 6
- Freundlichkeit 1 2 3 4 5 6
- Konfliktfähigkeit 1 2 3 4 5 6
- Durchsetzungsvermögen 1 2 3 4 5 6
- Kommunikationsfähigkeit 1 2 3 4 5 6
- Respektbereitschaft 1 2 3 4 5 6

Identifizieren Sie auf diese Weise die Bereiche, in denen Sie besonders viel Raum für Verbesserungen haben. Denken Sie daran, dass es deutlich schwieriger ist, ein bereits gutes und mit 2 bewertetes Auftreten in ein sehr gutes Auftreten zu verwandeln, als in einem anderen Bereich eine Steigerung von 4 auf 3 zu erzielen. Vergessen Sie jedoch nie, dass es nicht darum geht, sich zu verstellen. Entwickeln Sie sich tatsächlich fort.

Bedingungen eines positiven Autoritätsverhältnisses

Für Sie als junge Führungskraft ist die Frage von besonderer Bedeutung, wie Sie die Wahrscheinlichkeit erhöhen können, von Ihren Mitarbeitenden zur Autorität gemacht zu werden. Hier können vier konkrete Bedingungsfaktoren und -felder angeführt werden, die die Wahrscheinlichkeit erhöhen, dass Ihre Mitarbeiterinnen und Mitarbeiter Sie zur Autorität machen. Nehmen Sie sich von Zeit zu Zeit einen ruhigen Moment, um die folgenden Fragen zu beantworten:

Taktgefühl

- Bringe ich meinen Mitarbeiterinnen und Mitarbeitern Wertschätzung, Vertrauen und Achtung entgegen?
- Kann und will ich mich in die Situation meiner Mitarbeitenden hineinversetzen?
- Zeige ich Empathie?
- Bin ich authentisch oder verstelle ich mich auf der Arbeit?

Konstruktiv-kommunikative Grundeinstellung

- Leite und überzeuge ich meine Mitarbeiterinnen und Mitarbeiter?
- Oder setze ich auf Zuckerbrot und Peitsche? Auf Befehle, Anordnungen, Zwangsmaßnahmen, Drohungen und Boni?
- Haben meine Mitarbeitenden das Recht, mir zu widersprechen?
- Trauen sich meine Mitarbeiterinnen und Mitarbeiter, mir zu widersprechen?

Umgang mit Macht

- Gehe ich verantwortungsvoll mit der mir übertragenen Macht um oder missbrauche ich diese?
- Bewerte ich tatsächlich die Leistungen meiner Mitarbeitenden oder meine Mitarbeitenden selbst?
- Beschneide ich meine Mitarbeitenden in ihren Äußerungen? Neige ich zu Monologen?
- Haben meine Mitarbeiterinnen und Mitarbeiter die Möglichkeit, Verantwortung für sich und eigene Arbeits- und Entwicklungsprozesse zu übernehmen? Oder neige ich zur Bevormundung meiner Teammitglieder?

Weitere Aspekte

In diesem abschließenden Kapitel werde ich für Sie eine Vielzahl unterschiedlicher Aspekte anschneiden, die zwar für jede Führungskraft relevant sind, die jedoch gerade vor dem besonderen Hintergrund Ihres Alters drastisch an Bedeutung gewinnen. Bei vielen der Aspekte werde ich Ihnen konkrete Ratschläge geben, bei einigen jedoch unterbleibt dies. Dennoch möchte ich nicht auf die jeweiligen Ausführungen verzichten, um Sie für diese zu sensibilisieren und Ihnen die Gelegenheit zu geben, Aspekte Ihres Führungsverhältnisses mit anderen Augen zu sehen.

Ehrgeiz & falscher Stolz

Eine Führungskraft zu sein, birgt die Bürde der Vorbildfunktion mit sich. Sie fördern und führen Ihre Mitarbeitenden, bewältigen Herausforderungen und bringen den Mut auf, die entsprechende Verantwortung zu übernehmen. Denn eine Führungskraft verantwortet jede einzelne Handlung ihres Teams. Gemeinsam mit Ihren Teammitgliedern, Kolleginnen und Kollegen verfolgen und erreichen Sie die gesetzten Ziele. Mitarbeitende werden durch Sie zielgerichtet ausgebildet und ihre individuelle Kompetenz wird weiterentwickelt. Sie streben eine stabile und qualitativ hochwertige Arbeitsweise in der Organisation an.

Ihr Weg ist nicht immer einfach, birgt zumeist große Herausforderungen und ist verbunden mit persönlicher Aufopferung. Ihr mittel- bis langfristiges anvisiertes Ziel liegt in der Zukunft und bedarf einer entsprechenden zeitlichen Hingabe und Arbeit, um dieses zu erreichen. Abhängig von der Organisation, für die Sie tätig sind, der Abteilung und weiteren Einflussfaktoren, kann die Position eine Führungskraft mit sehr viel Verantwortung und dem daraus resultierenden Druck einhergehen.

In Zeiträumen oder einzelnen Situationen von großer Belastung handeln viele Personen anders als üblich. Die grundlegende Stimmung ist angespannter, zu treffende Entscheidungen haben eine größere Bedeutung und führen zu möglichen Konsequenzen. An Ihnen ist es, die jeweilige Gegebenheit richtig einzuschätzen und Ihr Team entsprechend anzuleiten; eventuell auch im Vorfeld vollzogene Handlungen einzelner Mitarbeitende zu korrigieren und auf die resultierenden Folgen zielgerichtet zu reagieren.

Erfahrungen der Vergangenheit

Frage an Sie: Wie haben sich in der Vergangenheit Ihnen vorgesetzte Personen in sehr stressigen und komplizierten Situationen verhalten? Haben sie ruhig und besonnen reagiert oder hat sich deren Verhalten durch andere Züge ausgezeichnet? Reflektieren Sie für einen kurzen Moment Ihre zurückliegenden Erfahrungen. Formulieren Sie in einigen Stichpunkten das Verhalten Ihrer früheren Vorgesetzten unter den genannten Umständen. Gerne auch verschiedene Erlebnisse und Erfahrungen.

Leider sind im Arbeitsleben, in den unterschiedlichen Unternehmen, Abteilungen und Organisationen im Allgemeinen, oftmals auch negativ reagierende Vorgesetzte anzutreffen. Die Lautstärke und die Geschwindigkeit des Gesprochenen steigen in Drucksituationen, der Tonfall verändert sich und die Wortwahl wird gröber – vereinzelt werden Äußerungen persönlich, und Vorgesetzte neigen dazu, die Mitarbeiterinnen und Mitarbeiter auf eine emotionalen Art und Weise negativ zu treffen. Selbstverständlich sind eine solche Haltung und Verhaltensweise den eigenen Mitarbeitenden sowie grundsätzlich Kolleginnen und Kollegen gegenüber in der Hinsicht falsch. Keine Situation oder auftretende Problemstellung rechtfertigt Handlungen und Aussagen, welche eine andere Person verletzen können. Gerade als Führungskraft, aber natürlich auch als normales Mitglied eines Teams, sollte Ihnen stets bewusst sein, welche Folgen Aussagen und Taten zur Auswirkung haben können.

Erwünschtes Verhalten

Frage an Sie: Wie sollte sich eine Führungskraft beispielsweise in der oben beschriebenen früheren Erfahrung verhalten? Wie möchten Sie selbst als Mitarbeiterin oder Mitarbeiter einer Organisation behandelt werden? Machen Sie sich für einen Moment Ihre Gedanken zu dieser Fragestellung – scheinbar einfach erscheint die Antwort im ersten Moment, doch trotzdem findet sich eine Vielzahl an Führungskräften, die sich trotzdem anders verhalten.

____

____

____

____

____

Sie haben typisches falsches Verhalten notiert und das gegenteilig erwünschte Verhalten reflektiert. Doch welche Gründe führen zu diesen signifikanten Defiziten in der zwischenmenschlichen und spezifisch führungsbezogenen Kommunikation?

Hierfür existieren unterschiedliche Gründe, die zum Teil sehr stark mit der individuellen Person verbunden sind. An dieser Stelle möchte ich nicht zu sehr in Detail gehen und spezifische charakterliche Eigenschaften im Einzelnen erläutern. Vielmehr ist der primäre Teilaspekt von Bedeutung, welcher bei allen Personen zu derartigen Verhaltensweisen führt.

Verlust von Empathie

Geblendet von einer konkreten Situation, der gegenwärtigen Belastung oder den bevorstehenden Konsequenzen für Handlungen der Vergangenheit verlieren die betroffenen Personen den persönlichen Bezug zu ihren Mitarbeitenden oder Teammitgliedern. Die grundlegende Fähigkeit zur Empathie setzt teilweise oder vollständig aus und führt zu potenziell negativer zwischenmenschlicher Kommunikation. Unabhängig von der individuellen Sichtweise über diese Handlungsweise ist festzustellen, dass ein solches Verhalten unter keinen Umständen Bestandteil zwischenmenschlicher Kommunikation sein darf, weder unter Teammitgliedern noch seitens der Führungskräfte. Diejenige Sachebene, die den Vorzug erhält und primär betrachtet wird, darf nicht dem menschlichen Verhältnis oder dem Wohl einzelner Personen übergeordnet werden.

Heben Sie den Tonfall an, werden Sie in Ihrer Wortwahl gröber, so gestehen Sie sich selbst den Verlust jedweder Kontrolle über die stattfindenden Ereignisse ein. Verschiedene Beispiele lassen sich für besonders komplizierte Situationen und Gegebenheiten aufführen, doch sollten Sie niemals die Kontrolle verlieren und stets ruhig und besonnen vorgehen! Unterdrücken Sie das Verlangen, voreilig eine Antwort oder einen Kommentar zu negativen Neuigkeiten von sich zu geben. Hören Sie aufmerksam zu, reflektieren Sie das Geschehene aus verschiedenen Blickwinkeln, wägen Sie Ihre Handlungsmöglichkeiten ab und führen Sie Ihre Mitarbeitenden daraufhin zielgerichtet und effizient zum gewünschten Zustand. Schuldzuweisungen oder die Suche nach Gründen für das Geschehene sind zu jenem Zeitpunkt fehl am Platz. Die anschließende Analyse sollte mit einem ruhigen Kopf und auf Basis rationaler Gespräche und Einschätzung der geschilderten Lage stattfinden.

Falscher Stolz

Haben Sie sich im Ton vergriffen, bestimmte Mitarbeitende zu Unrecht beschuldigt, in der Vergangenheit nicht auf bestimmte Personen gehört oder jemanden inmitten eines Gespräches oder einer Ausführung unterbrochen, so gibt es für Sie eine klare Aufgabe. Sie entschuldigen sich und gestehen Ihr Fehlverhalten ein. Eine Handlung, die vielen Führungskräften sehr schwer fällt. Eigene Fehler werden ignoriert, möglicherweise die Schuld einer anderen Person zugesprochen. Verhaltensweisen, welche unter keinen Umständen Bestandteil Ihres individuellen Führungsverhaltens sein dürfen. Lassen Sie sich von Ihrem Stolz nicht überwältigen, lassen Sie ihn nicht Ihr eigenes Verhalten dominieren. Eine mitfühlende und nahbare Führungskraft wird seitens der Mitarbeitenden stets höher geschätzt, das persönliche Verhältnis wird gestärkt und die Einsatzbereitschaft sowie arbeitsbezogene Leistung gesteigert.

Stärke, keine Schwäche – wichtig für Sie ist zu verstehen, dass Fehler menschlich sind und das Zugeben von falschen Entscheidungen oder Taten keine Schwäche ist. Werden Fehler begangen, falsche Entscheidungen getroffen oder Ähnliches, empfinden es Mitarbeitende als charakterliche Stärke, wenn die Vorgesetzten ihre Fehler eingestehen und sich für mögliches Fehlverhalten entschuldigen. Ist ihnen solches Verhalten fremd, und seien Sie ehrlich zu sich – die meisten Personen haben bei vergangenen Fehlern das ein oder andere Mal diese ignoriert und sich nicht immer offen und ehrlich entschuldigt. Gehen Sie in Ihrer Führungskompetenz einen sehr wichtigen Schritt nach vorne und treten Sie Ihren Mitarbeitenden und Teammitgliedern mit gutem Beispiel entgegen. Folgende Formulierungen können Ihnen dabei behilflich sein:

- „Bitten entschuldigen Sie, ich habe die gestrige Situation falsch eingeschätzt – es war ein Fehler von mir, die Schuld voreilig bei Ihnen zu sehen! Mir war es wichtig, Ihnen dies nochmal persönlich zu sagen."
- „Ich wollte mich bei Ihnen für mein heutiges / gestriges Verhalten entschuldigen. Leider habe ich mich von der Situation zu sehr mitreißen lassen – das war von meiner Seite falsch."
- „Ich wollte mich persönlich bei Ihnen für meine Äußerung / meine Bemerkung vorhin entschuldigen. Diese war nicht per-

sönlich gegen Sie gerichtet – hätte ich diese jedoch sein lassen sollen."

Wichtig bei solchen Entschuldigungen und Eingeständnissen ist, dass Sie nicht den entstandenen Ereignissen die Schuld für Ihr individuelles Verhalten geben. Diese können es bei Ihnen ausgelöst haben, sind jedoch keine Entschuldigung und Erklärung für etwas, das nicht hätte auftreten dürfen. Entsprechend ist bei der Formulierung darauf zu achten, dass Sie es ausschließlich auf die eigene Person beziehen. Die Aussage muss nicht lang sein, eine kurze und ehrliche Formulierung ist hierbei die beste Wahl. Sind Sie offen und ehrlich Ihrem Team gegenüber, so wird auch Ihnen Gleiches wiederfahren.

Verallgemeinert sollten Sie Ähnliches auch bei der elektronischen Kommunikation beachten. Achten Sie auf Ihre Wortwahl und den Ton zwischen den Zeilen – treten Sie Ihren Mitarbeitenden sowie Kolleginnen und Kollegen stets höflich und respektvoll entgegen. Hierzu habe ich Ihnen die wichtigsten Punkte im Kapitel „Elektronische Kommunikation" zusammengefasst.

Ehrgeiz

Noch einige wenige Monate, Wochen, Tage und das Projekt ist abgeschlossen. Ein letztes Mal die Zähne zusammenbeißen und das Ziel ist erreicht – ein tolles Projekt, ein vielversprechender neuer Kunde oder der Bonus zum Ende des Jahres. Ziele erscheinen oftmals sehr verführerisch, spornen uns zu immer größeren Leistungen an, immer größerem Engagement und dem inneren Antrieb, das anvisierte Ziel auf jeden Fall zu erreichen – im Wissen, dass es entsprechende Anstrengungen erfordert.

Was ist Ihnen das Ziel wert? Wie sehr wollen Sie es erreichen, in einem bestimmten Zeitraum, zu einer bestimmten Qualität? Für Sie ist der Wert klar vor Augen, Sie wissen, worauf Sie hinarbeiten und welche Entbehrungen möglicherweise auf Sie zukommen werden. Doch was ist mit Ihren Mitarbeitenden, Ihren Kolleginnen und Kollegen? Haben sie eine sich deckende Sichtweise, die gleiche Motivation, den gleichen hohen inneren Ansporn und Ehrgeiz?

Auf Ihrem Weg als Führungskraft und grundsätzlich im Verlauf Ihrer Karriere sollte Ihnen immer bewusst sein, dass Ihnen gegenüber auch negative Reaktionen entgegenschlagen werden. Erfolgreiche, ehrgeizige und sehr zielstrebige Menschen werden nicht von allen Personen stets positiv gesehen. Neid ist eine große Kraft, die zu negativen Handlungen verleitet und nur schwer zu kontrollieren ist. Unverständnis der hohen zu erbringenden Leistung oder eine einfache Ablehnung Ihnen gegenüber sind ebenfalls mögliche Erscheinungen, mit denen Sie zu rechnen und umzugehen haben. Auf der einen Seite müssen Sie sich dieser Tatsache stets bewusst sein, auf der anderen Seite ist es notwendig, mit derartigen Situationen zielführend umzugehen.

Seien Sie sich bewusst, dass Ihr persönlicher Anspruch an die Arbeit, an die grundlegende Qualität und an den zu erbringenden Einsatz voraussichtlich nicht von allen Beteiligten einer Organisation geteilt werden. Ebenso ist es möglich, dass die genannten Aspekte im Lauf der Zeit abnehmen – Gründe hierfür können beispielsweise sein: Verlust von Motivation, fehlende Bindung an Sie oder an das Unternehmen, subjektiv empfundene Faktoren wie beispielsweise zu geringes Gehalt, oder Aufgaben, die nicht Bestandteil der vereinbarten Arbeitsleistung sind.

Haben Sie einen Blick auf die Veränderung der Verhaltensweisen einzelner Personen in Ihrem Team. Ihre persönliche Motivation und der Eifer sind sicherlich lobenswert, doch sollten Sie sich im Klaren sein, dass nicht alle Personen eine mit der Ihrigen vergleichbare Karriere anstreben. Viele Mitarbeiterinnen und Mitarbeiter streben lediglich nach Stabilität am Arbeitsplatz, nach Sicherheit der Arbeitsstelle und der Erfahrung in den alltäglich auftretenden Aufgabenbereichen.

Nehmen Sie sich in regelmäßigen Abständen etwas Zeit und betrachten Sie Ihre Teammitglieder aus einer neutralen Perspektive. Wie haben Sie in der vergangenen Zeit Veränderungen wahrgenommen – in welchen Bereichen haben Sie das Gefühl, dass etwas anders ist, Sie es aber noch nicht klar definieren können? Gehen Sie solchen Empfindungen aufmerksam nach und bemühen Sie sich um Antworten.

Seien Sie eine vorausschauende, nicht vom persönlichen Ehrgeiz geblendete Führungskraft.

Emotionaler Abstand

Der Weg einer Führungskraft ist komplexer Natur. Anspruchsvolle Aufgaben und Entscheidungen sind zu treffen, Mitarbeitende sind zu unterstützen und durch ihren Arbeitsalltag zu führen, Neuerungen umzusetzen, Problembereiche zu identifizieren und mit Lösungsansätzen anzugehen sowie die generellen Vorgaben der Unternehmensleitung einzuhalten. Herausforderungen und Hürden unbekannter Art sind keine Seltenheit und die emotionalen Handlungen und Aussagen von Mitarbeitenden sind aufzufangen, eine herausfordernde Beschreibung der Tätigkeit und den damit einhergehenden Risiken sowie zu bewältigenden Aufgaben.

Die Position einer Führungskraft ist verlockend, doch lässt ihr Reiz sich nur schwer in Worte fassen. Ihnen persönlich ist bewusst, weshalb Sie diesen Weg für sich gewählt haben – bedingt durch übergeordnete Ziele der eigenen Karriere oder andere persönliche Intentionen und Wertvorstellungen, die mit der Position einhergehen oder auf zukünftig auf ihnen aufbauen sollen.

Eine große damit verbundene Gefahr ist der mangelnde persönliche Abstand zur täglichen Arbeit. Sie verbringen 40 Stunden pro Woche in der Arbeit, zuzüglich der abgezogenen Pausen mit den Kolleginnen und Kollegen, möglicher Überstunden und der nicht miteinberechneten Fahrtzeit. Daraus resultierend verbringen Sie die meiste Zeit Ihres Lebens in der oder mit der Arbeit. Zielorientiert verfolgen Sie Ihre Karriere und bemühen sich auch in Ihren freien Stunden nach einem langen und mühsamen Arbeitstag um die persönliche Weiterbildung – weiterführende Seminarveranstaltungen, Online-Kurse oder Bücher.

Herausfordernde und komplexe Problemstellungen beschäftigen Sie weit über den regulären Feierabend hinaus und plagen Sie bei der Lösungsfindung. Sie tauschen sich möglicherweise mit Freunden oder Familienmitgliedern über Ihren individuellen Weg in der Organisation aus. An dieser Stelle merken Sie, dass die Arbeit einen sehr großen Anteil Ihres Lebens einnimmt und weit in das Privatleben hineingreift.

Resümee – Emotionaler Abstand sind für den ersten Moment nur zwei Wörter. Sie sind leicht ausgesprochen und was damit gemeint ist, ist Ihnen im Detail bewusst,. Leider musste ich in den vergangenen Jahren meiner Tätigkeit als Trainer und Berater feststellen, dass dieser Aspekt – einer jeden Person bekannt – sehr häufig nicht oder zu wenig beachtet wird. Es ist keine einfache Aufgabe, Führungskraft zu sein; sie stellt Sie vor Herausforderungen und bringt Sie möglicherweise an bestimmte Grenzen. Dieses Wissen im Hinterkopf behaltend sollten Sie sich selbst niemals aus den Augen verlieren. Aus diesem Grund war es mir ein wichtiges Anliegen, Ihnen hierzu einige weitere Gedanken, aber auch Möglichkeiten des Ausgleichs mitzugeben. Das nächste Kapitel findet an diesem kurzen Resümee Anklang.

Work-Life-Balance

Der These einer Work-Life-Balance zufolge stellt die Arbeit in unserem Alltag ein negatives Element dar, welches im Idealfall zeitlich und hinsichtlich der resultierenden Belastung reduziert werden sollte. Weniger Arbeit und im Gegenzug mehr freie Zeit für persönliche Interessen, Familie und Freunde. Eine Hypothese oder Betrachtungsweise, die zumeist kritisch betrachtet wird – soweit zumindest meine Erfahrung aus den gehaltenen Seminaren zum Thema „Work-Life-Balance“. Wird die Fragestellung auf solch eine Art und Weise formuliert oder die Balance zwischen Arbeit und Privatleben derart ausgelegt, kommen vielen Personen erste Zweifel. Stellt die tägliche Arbeit auch für Sie eine konstante Belastung dar? Würden Sie gerne deutlich weniger arbeiten, vielleicht nur noch Teilzeit? Mit entsprechend angepasster Zielsetzung, einem geringeren Gehalt oder den damit verbundenen Einschränkungen, oder aber auch Bereicherungen?

Haben Sie abends Sorgen, von denen Sie jemandem erzählen müssen – einfach den Bedarf, von den täglichen Herausforderungen zu erzählen? Benötigen Sie einen gewissen Ausgleich zur

Entspannung von der täglichen Belastung? Fühlen Sie eine Unruhe auch weit in den Feierabend hinein und können gedanklich nicht zur Ruhe kommen? Verspüren Sie eine Unsicherheit, wenn Sie die vor Ihnen liegenden Zielvorgaben betrachten – sind Sie sich der Erreichung derer sicher, die eigenen und fremden Vorgaben mitberücksichtigt?

Menschen sind oftmals von ihrer grundlegenden Natur her kommunikativ, manche tendenziell eher im privaten Umfeld, und benötigen den Austausch mit anderen Personen, um Zufriedenheit und Harmonie zu spüren. Der Austausch über die arbeitsbezogenen Ereignisse ist eine übliche und vollkommen normale Erscheinung unserer Kommunikation. Dennoch sollten Sie sich die Frage stellen, ob Ihre emotionale Belastung durch die ausgeübte Tätigkeit nicht unverhältnismäßig groß ist. Sind Sie der Meinung, einen gesunden Abstand zur Arbeit zu halten und die Ihnen zur Verfügung stehende freie Zeit in vollen Zügen zu genießen? Oder muss Ihre Partnerin oder Ihr Partner Ihnen am Abend länger zuhören, Ihre Sorgen und die auftretenden Belastungen mit Ihnen teilen? Wirkt sich die innerbetriebliche Stimmung negativ auf Sie als Mensch aus?

Eine Fragestellung, welche ein erstes und nicht zu unterschätzendes Thema behandelt. Die emotionale Belastung durch die Arbeit ist eine der primären Ursachen für verschiedene Erkrankungen und negative Auswirkungen auf unsere Psyche und unseren Körper. Gerade als junge Führungskraft nehmen Sie vielfältige Herausforderungen an und bemühen sich um deren effektive und effiziente Lösung. Die auf Sie einwirkende Belastung mag nicht höher sein als die bei älteren Kollegen, doch stehen Sie unter persönlichem Druck, die notwendige Leistung und Qualität in der Arbeit und der Leistung Ihrer Mitarbeitenden zu erbringen.

Haben Sie in der Vergangenheit Zeiträume erlebt, in welchen die Arbeit negative Auswirkungen auf Sie hatte? Dies können gesundheitliche Aspekte sein, basierend auf Ihrer Psyche oder dem Körper, aber auch bezogen auf Ihre Stimmung und das allgemeine Wohlbefindens. Diese Frage wollen viele Personen verdrängen und sich nicht ehrlich beantworten. Doch seien Sie sich bewusst, dass es sich hierbei nur um Sie selbst handelt – Sie individuell setzen sich mit Ihrer eigenen Persönlichkeit auseinander. Dritte sind in Ihren Überlegungen und den individuellen Notizen nicht involviert – seien Sie ehrlich zu sich selbst! Alles andere wird einen negativen Beigeschmack haben und Sie werden sich selbst im Klaren sein, dass es nur ein schlechter Versuch war, sich zu belügen und zu hintergehen.

Gehen Sie jeden, anfangs noch so anstrengend und belastend wirkenden Schritt auf Ihrem Weg der persönlichen Weiterentwicklung und der Arbeit an Ihrem Verhalten und Ihrer Persönlichkeit. Im Lauf der Zeit und der eigenen Entwicklung werden Sie sich der Bedeutung einzelner Bereiche immer mehr bewusst werden. Die zusammenhängenden Hintergründe der aktuellen Überlegungen und abzuleitenden Herangehensweise werden für Sie im Gesamtkontext klarer erscheinen.

Negative persönliche Auswirkungen

Bezugnehmend auf die vorangegangenen Ausführungen habe ich eine kurze Übung für Sie vorbereitet. Welche negativen Auswirkungen seitens der Arbeit oder anderer Tätigkeiten haben Sie in der Vergangenheit bei sich festgestellt? War es möglicherweise nur eine Vermutung, die Sie hatten, ohne den Zusammenhang direkt festzustellen? Auf welche Art und Weise hat es sich auf Sie ausgewirkt? Waren es gesundheitliche Aspekte, die Ihnen aufgefallen sind, oder Veränderungen der eigenen Stimmung und grundlegenden Gemütslage? Überlegen Sie gründlich und hinterfragen Sie die vergangenen Erfahrungen – nutzen Sie die folgenden Zeilen für Ihre Ausführungen.

Vorsicht vor Nachsicht – Über die Betrachtung negativer Auswirkungen hinaus ist eine weitere abgeleitete Analyse von Bedeutung. Als menschlichem Individuum werden Sie stets gewissen Einflüssen ausgesetzt sein – diese werden zumeist gut zu bewältigen sein, an mancher Stelle werden Sie jedoch spezifische Herausforderungen erkennen. Wie in einem früheren Abschnitt dieses Buches bereits kennengelernt, ist Vorsicht besser als Nachsicht. In einem solchen Fall: Welche Möglichkeiten der Bewältigung emotionaler Beeinflussung stehen Ihnen zur Verfügung?

Vereinfacht ausgedrückt: In Momenten großer arbeitsbezogener oder privater Belastung, bei anhaltendem Stress und der inneren Unruhe – auf welche Art und Weise haben Sie die Möglichkeit, sich persönlich zu entspannen, den Kopf frei zu bekommen und zur Ruhe zu kommen? Haben Sie solche Erfahrungen bereits in der Vergangenheit gemacht – was hat Ihnen geholfen? Machen Sie sich im Folgenden stichpunktartig Notizen und vervollständigen Sie die Liste im Lauf der Zeit, wägen Sie ebenso ab, was besonders gut funktioniert hat.

Persönlicher Hinweis – An dieser Stelle ein wichtiger Hinweis meinerseits. Über mögliche Hilfsmittel hinaus sollten Sie sich stets die Frage stellen: Ist die auf mich einwirkende Belastung, jener Druck, unter dem ich stehe, mit meiner persönlichen Zielsetzung vereinbar? Sind meine Ziele die akute Mühe wert und gibt es eventuell alternative Gelegenheiten oder Optionen, diese Ziele zu erreichen? Eine sehr persönliche und tiefgehende Reflexion, welche oftmals zu selten oder zu spät Anwendung findet. In regelmäßigen Abständen sollten Sie die stattgefundenen Entwicklungen betrachten und in Kombination mit Ihrer individuellen Entwicklung im Kontext Ihrer alten oder zu jenem Zeitpunkt abgeänderten Zielsetzung betrachten und ins Verhältnis setzen.

Physische & psychische Entspannung

Bestimmte Hilfsmittel zur Entspannung erscheinen im ersten Moment verlockend und angenehm, sind jedoch nicht dienlich und sollten, sofern überhaupt, nur in Maßen eingesetzt werden. Die Empfehlung ist selbstverständlich, hiervon abzusehen und die Einnahme von Hilfsmitteln auf jeden Fall zu vermeiden. Trotzdem hierzu eine kurze Ausführung: Das eine oder andere Glas Wein am Abend, das Bier mit Freunden in einer Bar oder der Cocktail nach Feierabend erscheinen im ersten gelungene Möglichkeit der Entspannung und ein gutes Hilfsmittel für einen emotionalen Abstand zu sein. Ähnlich verhält es sich in Zeiten großer Unruhe mit Schlaftabletten oder anderen Mitteln. Ihnen ist es selbst bewusst und trotzdem der Vermerk von meiner Seite: All diese und andere Hilfsmittel, so harmlos und in ihrer Wirkung willkommen sie im ersten Moment erscheinen, sind nicht die Lösung des Problems. Mit ihrer Hilfe flüchten Sie, vermeiden eine zielgerichtete Lösung und stellen sich der wahren Problematik nicht in deren reiner Form. Ein Glas Wein mit Freunden oder ein Drink in einer guten Bar sind Genussmittel und sollten nicht zur Unterdrückung von im Alltag auftretenden Einflussfaktoren verwendet werden. Denken Sie stets darüber nach und seien Sie sich der Tatsache bewusst, dass es nur eine sehr kurzfristige Lösung ist. Eine, die sich am Folgetag in erhöhter Müdigkeit und langfristig in mangelnder

Konzentration und allgemein verringerter mentaler und körperlicher Leistungsfähigkeit widerspiegelt – abgesehen von den vielen negativen gesundheitlichen Auswirkungen.

Allgemeine arbeitsbezogene Belastung, situationsbedingter Stress und ähnliche, auf Sie einwirkende Faktoren lassen sich auf vielfältige, positiv zu bezeichnende Möglichkeiten bewältigen.

Sport – Reihen von Enzyklopädien wurden diesem Themenbereich bereits gewidmet. Körperliche Betätigung wirkt sich aus physischer und mentaler Perspektive positiv auf Ihren Körper aus. Ein starker Rücken beugt beispielsweise langem und meist nicht korrektem Sitzen am Arbeitsplatz, körperlicher Belastung und altersbedingten Erscheinungen vor. Zumeist halten Sie das Körpergewicht besser unter Kontrolle und sind weniger anfällig für bakterielle oder virale Infektionskrankheiten. Ausdauersport wirkt sich beispielsweise auf eine signifikante Weise auf Ihr mentales Wohlbefinden und die Leistungsfähigkeit aus. Studien haben belegt, dass regelmäßige Spaziergänge sogar bei ernsthaften Erkrankungen wir Krebs sich positiv auf den Krankheitsverlauf auswirken. Ausdauertraining im Allgemeinen beugt Stress, Burnouts und psychischer Belastung vor. Endorphine, umgangssprachlich auch Glückshormone genannt, werden freigesetzt, ebenso verbessern sich der Cortisol- und Insulinspiegel – hierdurch wird Ihr Stresslevel reduziert. Verspannungen, welche oftmals mit psychischer Anspannung einhergehen, werden gelöst, und Sie fördern mit Ausdauertraining die Qualität Ihres Schlafes, das Immunsystem und Ihr Herz-/Kreislaufsystem. Ihre Regenerationsfähigkeit steigt durch Kraft- und Ausdauersport signifikant an. Sie benötigen weniger Schlaf, um ausgeglichener und ausgeruhter zu sein, Sie sind konzentrierter und im Verlauf des Tages, aus mentaler sowie körperliche Sicht betrachtet, leistungsfähiger. Hervorzuheben an dieser Stelle ist, dass bereits kleine zeitliche Sporteinheiten in regelmäßigen Abständen absolviert, eine gesundheitlich vorbeugende und positive Wirkung auf Sie haben. Vom Krafttraining zu Hause oder im Fitnessstudio über Yoga oder Pilates-Kurse, Vereinssportarten, Joggen, Radfahren oder Schwimmen – Ihnen stehen viele verschiedene Alternativen zur Verfügung, jeweils flexibel in der zeitlichen und interessenbedingten Umsetzung.

Bei vorhandenem Interesse kann ich Ihnen nur empfehlen, sich mit diesem Themenbereich intensiver auseinanderzusetzen. Sie werden erstaunt sein, auf welch beachtenswerte Art und Weise sich sportliche Betätigung positiv auf Ihr physisches und mentales Wohlbefinden auswirkt.

Ernährung – In Kombination mit sportlicher Betätigung oder als alleinstehende Maßnahme ist Ernährung von nicht zu vernachlässigender Bedeutung. Der allgemeine Themenbereich „gesunde Ernährung" hat, vor allem in den vergangenen Jahren, im mitteleuropäischen Raum an Bedeutung gewonnen. Vermehrt haben sich Universitäten, Forschungsinstitute und einzelne Personen der Erkundung von gesunder Ernährung gewidmet – wie wirkt sich Ernährung in ihren unterschiedlichen Varianten auf den menschlichen Körper aus? Es hat sich eine bemerkenswerte Anzahl an verschiedenen Ernährungsformen entwickelt, die sich durch diverse Vorzüge auszeichnen. Eine Empfehlung zur Ernährungsform ist an dieser Stelle nicht zu treffen – wird eine Variante wegen bestimmter positiver Eigenschaften hervorgehoben, finden sich zumeist nach kurzer Zeit Wissenschaftler, die jene als nicht ideal bezeichnen und Nachteile aufzeigen. Folgende Aspekte lassen sich jedoch übergreifend feststellen und sollten für Sie von primärer Relevanz sein:

Eine abwechslungsreiche und bewusste Ernährung, basierend auf natürlichen Produkten wie beispielsweise Gemüse, Obst, Hülsenfrüchten, hochwertigen Ölen und Fette, beeinflusst ähnlich wie sportliche Betätigung Ihr mentales und physisches Wohlbefinden. Studien und Selbstversuche haben gezeigt, dass eine sehr zucker- und fetthaltige Ernährung, schwerpunktmäßig basierend auf Fertigprodukten, Fast Food und entsprechenden Limonaden, die Psyche der Betroffenen signifikant negativ beeinflusst. Es wurde festgestellt, dass eine ungesunde Ernährung sich sehr stark auf das mentale Befinden auswirkt – von schlechter Laune bis hin zu Depressionen. Sie fördert die Reizbarkeit, die allgemeine Unzufriedenheit und die Aggressivität – Zusammenhänge, welche im ersten Moment nicht zu vermuten wären, doch von nicht zu unterschätzender Auswirkung sind. Ihre körperliche Belastbarkeit sinkt, der Körper ist gesundheitlich deutlich anfälliger und Ihre mentalen Fähigkeiten wie beispielsweise die Konzentration verschlechtern sich zunehmend. Langfristig erhöht sich das Risiko diverser Erkrankungen und körperlicher Schäden – eine Gefährdung, die im jungen Alter gerne ignoriert wird, sich jedoch zunehmend im fortschreitenden Alter zeigt. Seien Sie sich gewiss, nicht erst wenn Sie alt und grau sind – bereit ab dem 30. Lebensjahr zeigt sich die ungesunde Lebensweise und Sie beginnen die Folgen der Unachtsamkeit zu spüren.

Eine ausgewogene und gesunde Ernährung sorgt für eine schnellere Regenerationsfähigkeit Ihres Körpers. Sie sind mental belastbarer und haben weniger körperliche Beeinträchtigungen. Unterschätzen Sie die Wirkung von Ernährung keineswegs – informieren Sie sich im Detail und überzeugen Sie sich von den bemerkenswerten positiven sowie negativen Einflussfaktoren, die diese mit sich bringt.

Die Aufgaben einer Führungskraft sind zumeist nicht einfach und in ihren jeweiligen Aspekten herausfordernd. Für Sie als Privatperson ist es dementsprechend umso wichtiger, einen Ausgleich zu den täglichen beruflichen Anstrengungen zu finden. Im jungen Alter sind eine dauerhafte Belastung und kurze Regenerationszeiträume sowohl physisch als auch psychisch einfacher zu bewältigen. Nicht in Ihrem Sinne sind jedoch die daraus möglicherweise resultierenden gesundheitlichen Folgen. Sich über längere Zeiträume erstreckender Stress, ungesunde Ernährung und weitere auf Sie einwirkende Faktoren haben zumeist langfristige negative Konsequenzen. Diese können sich beispielsweise in längeren Krankheiten und chronischen Beschwerden widerspiegeln.

Seien Sie sich dessen im Klaren und achten Sie behutsam auf die eigene Gesundheit und das persönliche Wohlbefinden.

Schlafhygiene – Die Schlafhygiene ist ein Thema, das nur selten Beachtung findet, jedoch sehr großen Einfluss auf Ihr körperliches und psychisches Wohlbefinden hat. Schlafhygiene wird in der

Literatur auf verschiedene Arten definiert. Vereinfacht ausgedrückt, sind dies jene Aspekte und Faktoren, die Ihr Schlafverhalten und somit die Zeit Ihrer Regenerierung beeinflussen. Den Wert von Regeneration und gutem und erholsamen Schlaf unterschätzen viele Personen, die sich der potenziell positiven sowie resultierenden negativen Faktoren nur selten bewusst sind.

Frage an Sie: Wie sieht Ihr abendliches Ritual aus? Schauen Sie vor dem Einschlafen einen Film an, essen Sie noch etwas oder erledigen Sie einige liegengebliebene Kleinigkeiten für die Arbeit? Klappen Sie den Laptop zu und legen sich direkt ins Bett oder schlafen Sie vor dem Fernseher ein? Hand aufs Herz, wie sieht Ihr typischer Abend vor dem Einschlafen aus?

Ich habe Ihnen im Folgenden die typischen Aspekte der Schlafhygiene und was diese negativ beeinflusst zusammengefasst.

1. Ernährung

Nach einer großen Mahlzeit fühlen Sie sich sicherlich erst mal müde, müssen sich ausruhen und Ihre Konzentration und Motivation sinken, gerade zur Mittagszeit ein bekanntes Phänomen im Büro. Die Verdauung beansprucht die meiste Energie unseres Körpers, und auch wenn Sie das Gefühl haben, mit vollem Magen besser einzuschlafen, ist dies nicht zu empfehlen. Ja, Sie werden schläfrig nach dem Essen, jedoch aus dem Grund, dass Ihrem Körper schlicht Energie fehlt, weil die Verdauung Ihrer Mahlzeit diese in Anspruch nimmt. Statt sich nachts zu erholen und zu regenerieren, verbraucht Ihr Körper viel Zeit und Kraft für die Verdauung – das Resultat ist, dass Sie die Ruhephase nicht effizient nutzen und morgens müde von der Nacht sind. Vermeiden Sie schwere Mahlzeiten, vor allem fettiges Essen und tierische Produkte – diese kann unser Körper schwerer verdauen und benötigt hierzu entsprechend mehr Zeit. Zwar hat Alkohol ebenfalls eine schläfrig machende Wirkung und wird gerne vor der Nachtruhe konsumiert, doch auch hier der Hinweis, versuchen Sie Alkohol nicht als Hilfsmittel zur Entspannung sowie zum besseren und schnelleren Einschlafen zu verwenden.

2. Unterhaltungsprogramme

Im Zeitalter der Streaming-Portale und diverser praktischer Tablet-Geräte neigen immer mehr Menschen dazu, abends eine Serie oder einen Film anzusehen. Ist dieser zu Ende oder siegt die Müdigkeit, wird das Gerät ausgeschaltet und Sie wenden sich dem Schlaf zu. Was auf den ersten Blick angenehm erscheint und von Vielen praktiziert wird, ist keine gute Angewohnheit. Das künstliche Licht der technischen Geräte (ja, auch im Nachtmodus etc.) sowie die generelle Verarbeitung der Bilder belasten Ihre Augen sehr. Damit einhergehend arbeitet Ihr Gehirn weiter auf Höchstleistung und versucht, die Sinneseindrücke sowie Ihre dazu sich einstellenden Gedanken zu verarbeiten. Gönnen Sie Ihrem Gehirn und sich selbst zum Abend etwas Ruhe und einfache altmodische Entspannung. Bemühen Sie sich, elektronische Geräte circa ein bis zwei Stunden vor dem Schlafengehen nicht mehr zu benutzen. Oftmals keine einfache Sache; zu sehr haben wir uns daran gewöhnt, doch versuchen Sie, sich dem schrittweise zu nähern.

3. Arbeit

Den Laptop schnell zugeklappt, kurz in Badezimmer und schon geht es zum Schlafen? Zeit ist knapp und am nächsten Tag müssen Sie bereits früh aufstehen? Denken Sie an vergleichbare Momente in der Vergangenheit zurück – konnten Sie in einem solchen Moment wirklich entspannt und frei von Gedanken zu Bett gehen? Dies ist eher zu bezweifeln. Ihr Gehirn befindet sich noch im Arbeitszustand, verarbeitet die zuvor gesammelten Eindrücke und zuletzt reflektierten Aspekte und Themen. Es ist nicht leicht, die Arbeit ruhen zu lassen, wenn diese eilt und die Abgabefrist immer näher kommt. Aber auch aus dem persönlichen Ehrgeiz heraus, die Arbeit noch besser fertigzustellen, der Präsentation nur noch einen letzten Feinschliff verpassen.

Sie erkennen das Dilemma selbst nur zu gut, denn es ist offensichtlich. Auf der einen Seite noch schnell etwas erledigen, da wenig Zeit vorhanden ist – auf der anderen Seite die Absicht, die wenig verbleibenden Stunden mit erholsamem Schlaf zu verbringen. Jener Schlaf, in welchem Sie regenerieren, um am nächsten

Morgen wieder fit in den Tag zu starten. Vielleicht nicht immer munter, aber Ihre kognitiven Fähigkeiten sollten zumindest vollumfänglich verfügbar sein.

Bemühen Sie sich, bereits circa 90 Minuten vor dem zu Bett gehen Ihre Arbeit abzuschließen, keine weiteren Arbeitsunterlagen zur Hand zu nehmen und auch nicht noch schnell mal einen Bericht oder ähnliches durchzulesen. Lernen Sie, sich selbst von der Arbeit zu lösen und sich Ihrem wohlverdienten Feierabend zu widmen. Zum Anfang wird es Ihnen sicherlich nicht leichtfallen; diese Erfahrung habe ich in der Vergangenheit jedenfalls gemacht, Doch Tag für Tag wird es immer besser gelingen und Sie werden die positive Wirkung des Loslassens und der Zeit für sich selbst zu schätzen wissen. Sie werden ausgeruhter, leistungsfähiger und zufriedener sein.

Ihr persönlicher erster Schritt

An jedem Anfang steht der erste Schritt. Welchen ersten Schritt können Sie bereits gleich heute oder morgen umsetzen? Reflektieren Sie die vergangenen Seiten des Kapitels „Emotionaler Abstand" – welche Maßnahmen können Sie direkt ergreifen, um das persönliche mentale und körperliche Wohlbefinden zu steigern, der tägliche Belastung entgegenzuwirken und den auftretenden Stress zu minimieren? Künftige Vorhaben und gute Absichten die eigene Person betreffend sind vom Gedanken her zuträglich, doch erst nach deren Umsetzung vollkommen. Was ist Ihr erster Schritt auf dem persönlichen Weg der individuellen Weiterentwicklung? Machen Sie sich hierzu Gedanken und notieren Sie im ersten Schritt Ihre Vorhaben, im zweiten Schritt ist es an Ihnen, diese entsprechend direkt umzusetzen.

____

____

____

____

____

Anvisierte Ziele in naher oder ferner Zukunft sind lobenswert, doch erst die Umsetzung bringt Sie Ihnen näher und Sie erreichen, wonach Sie streben. Lassen Sie sich nicht von Ihrem Weg abbringen, seien Sie zielstrebig und sich des eigenen Erfolgs bewusst.

Interaktion & Kommunikation

Die zwischenmenschliche Interaktion und Kommunikation ist ein sehr vielfältiges und komplexes Themengebiet. Reihen an Enzyklopädien beschäftigen sich mit den pädagogischen, psychologischen, kommunikationspsychologischen und soziopsychologischen Aspekten der Kommunikation sowie vielen weiteren Teilbereichen, die unsere tägliche Interaktion beeinflussen.

Jahre können mit dem Studium der unterschiedlichen Kommunikationslehren, der Beschäftigung mit den vielfältigen Facetten der wissenschaftlichen Elemente und der daraus resultierenden Handlungsempfehlungen verbracht werden. Theoretische Modelle gestatten uns eine strukturierte Sichtweise auf die eigenen Handlungen und die argumentative Analyse des Verhaltens und der damit einhergehenden Intentionen Dritter.

Die im Alltag tatsächlich auftretende zwischenmenschliche Kommunikation ist jedoch in ihrer Natur in gewisser Weise einfacher und komplexer zugleich. Einen idealtypischen Verlauf, auf welchen Sie sich im Vorfeld vorbereiten können, gibt es nicht. Kommunikation und die Interaktion zwischen einzelnen Personen ist sehr vielfältig und ist von emotionalen Eigenheiten und auftretenden Empfindungen sowie Erfahrungen und weiteren ähnlichen Faktoren beeinflusst.

Über die theoretischen Ansätze hinaus sind elementar entscheidende Faktoren wie Sympathie und Empathie von signifikanter Bedeutung. In Bruchteilen einer Sekunde entscheiden wir unterbewusst über eine uns begegnende Person. Empfinden wir sie als sympathisch oder verspüren wir eine eher neutrale oder sogar negative Stimmung? Diverse wissenschaftliche Studien beschäftigten sich bereits mit dieser Tatsache und kamen zum Ergebnis, dass unserem Unterbewusstsein bereits kurze Momente für eine erste Einschätzung genügen.

Ich habe Ihnen zwei wissenschaftliche Definitionen zu den Begriffen Sympathie und Empathie herausgesucht. Sicherlich lassen sich noch viele weitere passende finden, doch sind diese hier sehr zutreffend und machen eine gleiche Ausgangslage für die folgenden Überlegungen möglich.

> **Sympathie** – „Sympathie ist die Fähigkeit, Freude und Leid anderer mitzufühlen, die von einigen Ethikern [...] als die subjektive Grundlage aller Sittlichkeit betrachtet wird [...] Dann auch, im Gegensatz zur Antipathie, die scheinbar grundlose Zuneigung zu jemandem, das unbestimmte Gefühl der inneren Verwandtschaft mit jemandem."
>
> *Meyers Großes Konversations-Lexikon*

> **Empathie** – „Einfühlungsvermögen; beschreibt die Fähigkeit einer Person, sich in die Gedanken und Gefühle anderer Personen hinein zu versetzen. Beim Verkaufs- und Servicepersonal werden entsprechende Fähigkeiten bes. gefordert."
>
> *Prof. Dr. Manfred Kirchgeorg*

Sympathie – Eine kurze Frage an Sie: Was lässt Menschen im privaten oder beruflichen Kontext unsympathisch wirken? Aus der negativen Perspektive betrachtet: Welche Faktoren sind für eine eher negative Wahrnehmung einer Person verantwortlich, begründet auf Handlungen, Verhaltensweisen und Aussagen? Machen Sie sich hierzu Gedanken und notieren Sie stichwortartig Ihre Ergebnisse, bemühen Sie sich um eine Differenzierung in den privaten und den beruflichen Bereich.

Diese Fragestellung erscheint im ersten Moment sehr einfach und geradezu banal für Sie, doch sind es Faktoren wie die zwischenmenschliche Sympathie, welche den ausschlaggebenden Unterschied in der Kommunikation und Ihrer zukünftigen Führung ausmachen.

Kommunikation, Aktion & Reaktion – Wenn Sie an darüber hinaus gehende Faktoren, die die Kommunikation in der Arbeit beeinflusse, denken: Welche fallen Ihnen hierzu ein? Welche Aspekte wirken sich auf die zwischenmenschliche Kommunikation aus und in welcher Art und Weise – positiv, neutral oder negativ? Ist eine Differenzierung in das private und das berufliche Umfeld möglich, oder verhalten sich die Ihnen einfallen Faktoren übergreifend? Ist eine Rangordnung in den Aspekten erkennbar, jene Teilbereiche, die einen besonderen Einfluss haben und weitere, die als sekundär zu bezeichnen wären?

Notieren Sie im Folgenden Ihre Ergebnisse und vervollständigen Sie diese im Lauf der Zeit. Betrachten Sie die unterschiedlichsten Situationen des Alltags und analysieren Sie die einflussnehmenden Kommunikationsfaktoren.

Arbeiten im digitalen Zeitalter

Das heutige Zeitalter – und wir schreiben das Jahr 2019 – ist geprägt von technischer Weiterentwicklung und digitaler Innovation. Die Informationstechnologie hat in den vergangenen Jahrzehnten eine signifikante Entwicklung vollzogen und die heutige Arbeit entsprechend maßgebend geprägt. Auf der einen Seite ist die allgemeine Leistung von Computern und Programmen deutlich gestiegen. Auf der anderen Seite wurden in den vergangenen Jahren sehr viele Programme und technische Hilfsmittel entwickelt und stetig verbessert, um die Herausforderungen des Alltags effektiver und effizienter bewältigen zu können. Hieraus resultierte eine globale Vernetzung – die elektronische Interaktion von Märkten auf verschiedenen Kontinenten, gesteuert von einzelnen Computerprogrammen.

Beispielsweise sind in den skandinavischen Ländern Zahlungen mit Bargeld sehr unüblich, bereits kleinste Beträge beim Bäcker oder im Kiosk werden mit der Kreditkarte oder ähnlichen Formaten bezahlt. Krankenkassen im nordamerikanischen Raum erwägen als zukünftige Idee, neue Mitglieder nur dann aufzunehmen, wenn diese entsprechende gesundheitsbezogene Trackingdaten ihrer Mobiltelefone den jeweiligen Krankenkassen zur Verfügung stellen. Biohacking bezeichnet eine sich neu entwickelnde Fachrichtung, welche die menschliche Biologie mit technischen Innovationen in Verbindung bringt; beispielsweise implantierbare Mikrochips oder Ähnliches – ein Bereich, der sich aktuell kräftig entwickelt und auf unterschiedlichste Fachrichtungen und Teilbereiche Bezug nimmt.

In einer Autowerkstatt werden neuere Fahrzeuge bei der Erstbegutachtung nicht auf die Hebebühne gehoben oder in deren

Motorraum geschaut. Der Autoschlüssel wird in ein, vereinfacht ausgedrückt, Lesegerät eingeführt, um so die technischen Daten des Fahrzeugs mit Hilfe eines Programms auszulesen und zu analysiert. Die gesammelten Daten geben Aufschluss über potenzielle mechanische oder elektronische Probleme und damit über die notwendigen Reparaturen oder anstehende Austausch von Verschleißteilen.

Zunehmend werden Gespräche zwischen zwei oder mehr Personen nicht mehr persönlich abgehalten, sondern mit Hilfe von Kommunikationsprogrammen durchgeführt. Die Tatsache berücksichtigt, dass die jeweiligen Mitarbeitenden teilweise nur in Nachbarräumen sitzen und nicht verteilt auf Städte oder Länder.

Darüber hinaus wird die tägliche Arbeit immer mehr von technischen Mitteln bestimmt. Computer sind mittlerweile eine Grundausstattung in fast allen Berufsbereichen. Die darauf installierten Programme für die Ausführung der Tätigkeit sind immer komplexer und werden ständig weiterentwickelt. Darauf aufbauend werden Disziplinen, welche in der Vergangenheit ohne technische Hilfsmittel bewältigt wurden, im heutigen Zeitalter vermehrt digital ausgeführt – ohne die Möglichkeit, diese in altgewohnter Weise fertigzustellen.

Ein praxisnahes Beispiel hierfür ist die Hotellerie mit deren Zimmeraufteilung und -belegung. Dies geschah in der Vergangenheit mit Hilfe von Tafeln und verschiebbaren magnetischen Elementen oder wurde mit Kreide notiert und entsprechend angepasst. Heutzutage gibt es speziell entwickelte Programme, welche über zusätzliche Schnittstellen zu Buchungsportalen verfügen.

Innovation

Fallen Ihnen persönlich weitere charakteristische Beispiele für die technische Veränderung der vergangenen Jahre ein und wie sich deren jeweilige Einflussnahme auf den arbeitsbezogenen Alltag auswirkt? Haben Sie in den vergangenen Jahren persönlich Veränderungen in Ihrer Branche festgestellt – waren diese positiv, neutral oder eher negativ zu betrachten? Versuchen Sie diese Fragestellung aus verschiedenen Sichtweisen zu betrachten, ein Beispiel kann gleichzeitig positiv sowie negativ wahrgenommen werden – abhängig von der betrachtenden Person.

____

____

____

____

____

____

Betrachten Sie die oben kurz beschriebenen Beispiele, so erkennen Sie die allgemeine rasante technische Entwicklung der vergangenen Jahre – eine Tendenz, welche sich sicherlich auch künftig stetig fortsetzen wird. Für viele Studienabgänger oder junge Führungskräfte handelt es sich hierbei um Aspekte und Gegebenheiten, die einen seit dem jüngsten Alter begleitet haben; Innovationen, mit denen Sie aufgewachsen sind und bei deren Anwendung Sie stetig Ihre persönlichen Kompetenzen verbessert haben. Mit Spannung begleiten Sie Neuerungen und implementieren diese mühelos in Ihren privaten oder beruflichen Alltag.

Auf der anderen Seite gibt es Mitarbeitende, für die die technischen Innovationen große Herausforderungen darstellen. Im heutigen digitalen Zeitalter werden immer mehr Aufgabenbereiche und einzelne Tätigkeiten digitalisiert und auf elektronische Weise durchgeführt. Laufend werden Programme weiterentwickelt und gestatten so diverse neue Anwendungen und Kombinationen einzelner Elemente. Produktionsprozesse ganzer Branchen haben sich in den vergangenen Jahrzehnten gewandelt. Aber auch Dienstleistungsprozesse, wie beispielsweise im Bankwesen, haben einen großen Wandel erlebt und erleben ihn weiterhin. Konzerne werden in ihrer Gesamtheit umstrukturiert und technisch versierter und innovativer gestaltet.

Für diese genannten Mitarbeiter ist die obige Beschreibung nicht positiv besetzt, sondern sie enthält neue Aufgaben, Herausforderungen, potenzielle Probleme und die damit verbundenen Ängste. All jene Aspekte und Elemente, die Sie positiv betrachten würden und in denen Sie Vorteile erkennen, werden von diesen Mitarbeitenden gegenteilig betrachtet und mit Nachteilen in Verbindung gebracht.

Probleme & Herausforderungen

Wenn Sie sich in die Lage der im Vorigen beschriebenen Personen versetzen: Welche Probleme und Risiken bringen technische Innovationen und Entwicklungen mit sich? Sind diese stets als Unterstützung zu betrachten oder auch als negativ zu werten, möglicherweise als heraufziehende Gefahr für die Arbeitsplatzsicherheit? Befassen Sie sich mit den potenziellen Problemen und Risiken, um die Ansichten Ihrer älteren Kolleginnen und Kollegen künftig besser nachvollziehen zu können. Nicht allein das gesehene Verhalten im beruflichen Alltag ist von Bedeutung, es sind all jene einflussnehmenden Faktoren, die die Atmosphäre im Team beeinflussen und Sie damit als Führungskraft fordern.

Lassen Sie uns diesen Gedanken etwas weiterführen. Auf der einen Seite haben Sie die heutige technische Entwicklung, welche zu potenziellen Problemen und Herausforderungen führen können. Ihre berufliche Laufbahn als junge Führungskraft wird in Kürze beginnen oder hat vor einiger Zeit begonnen. Sie merken, worauf ich hinaus möchte? Genau, vor Ihnen liegen noch 30, 40, vielleicht sogar 50 Jahre Berufstätigkeit. Ein unglaublicher Zeitraum im Kontext der Innovationen und Entwicklungen. So viele Jahre rückblickend betrachtet gab es teilweise noch keine Computer für alle Mitarbeitenden, globale Vernetzung und weitere technische Aspekte. Ähnlich wird es sich in Zukunft verhalten. Sie als Führungskraft streben eine gewisse Karriere in Ihrer Branche oder auf Dauer in einer anderen an. Sie möchten vorankommen, haben sich Ziele gesetzt und verfolgen diese strikt. Im Lauf der Zeit gewinnen Sie an Berufserfahrung, bezeichnen sich nicht mehr als junge Führungskraft und nehmen höhere Positionen in Ihren Organisationen ein. Die vor Ihnen liegenden Herausforderungen werden jedoch ähnlich bleiben, möglicherweise komplexer und umfangreicher werden, aber in Grundzügen den heutigen ähneln.

Wo wird unsere Gesellschaft in 30 Jahren sein? In welche Richtung werden sich unsere und die benachbarten Volkswirtschaften verändern? Welcher gesellschaftliche Wandel aus der sozialbezogenen Perspektive wird erfolgen? Wird der demographische Wandel anhalten? Wie werden die heutigen arbeitsbezogenen Prozesse Ihrer Branche in der Zukunft abgebildet? Ist eine mögliche Entwicklung, ein gewisser Trend schon heute erkennbar?

Fragen über Fragen, Ihnen möglicherweise im ersten Moment als unnötig erscheinend und zu fern in der Zukunft liegend. Doch seien Sie vorsichtig bei solchen Beurteilungen. Seien Sie eine zuvorkommende und innovative Führungskraft, erkennen Sie Faktoren, die auf Ihr Arbeitsgebiet einwirken, und passen Sie sich rechtzeitig an.

Es handelt sich nicht um Fragen, die Sie gleich heute oder morgen zu beantworten haben. Machen Sie sich Ihre eigenen Gedanken, halten Sie momentweise inne und reflektieren Sie immer wieder über die Situation.

Elektronische Kommunikation

Die zwischenmenschliche Kommunikation hat in den vergangenen Jahrzehnten, vor allem aber in den vergangenen fünf bis zehn Jahren, eine signifikante Entwicklung durchlebt. Technische Neuerungen und Innovationen haben eine herausragende Wirkung auf die Kommunikation der heutigen Zeit. Ihnen steht hierfür eine Vielfalt an Möglichkeiten zur Verfügung. Sie können via Textnachrichten kommunizieren, telefonieren, an einer Videokonferenz teilnehmen oder in Zukunft Teilnehmer einer Virtual Reality-Besprechung sein. Interessant hierbei ist, dass die elektronischen Varianten nicht immer nur auf große Distanz angewandt werden. Mitarbeitende auch desselben Standorts, sogar derselben Abteilung wenden diese neuen Mittel der Kommunikation und Diskussion von anstehenden Aufgaben an.

Die direkte persönliche Interaktion rückt schrittweise in den Hintergrund und wird teilweise oder sogar vollständig durch die elektronische Interaktion ersetzt. Entsprechend ist der elektronischen Kommunikation der heutigen Zeit sowie der künftigen Entwicklung eine große Bedeutung zuzuschreiben. Leider ist diese nur selten Bestandteil von Schulungen, Einweisungen oder individuellen innerbetrieblichen Fortbildungen. Schließen Sie nicht von sich selber auf Dritte, gehen Sie von geringen, aber ausbaufähigen Kenntnissen aus und fördern Sie anhand praktischer und arbeitsbezogener Beispielen. Ich habe Ihnen aus diesem Grund eine Übersicht der primären Aspekte zusammengefasst, auf die Sie künftig unbedingt achten sollten – ungeachtet, ob Sie als Teammitglied oder als Führungskraft agieren:

Anrede – Als Führungskraft, aber auch als Mitglied eines Teams, ist eine eloquente Anrede von Wichtigkeit. Vermeiden Sie „Hi" oder ähnliche Formulierungen, ein „Hallo", „Guten Morgen" usw. wirken auf den ersten und zweiten Blick deutlich besser, gerade im Kontext der Kommunikation mit Kunden oder Partnern, ungeachtet eines möglicherweise sehr guten Verhältnisses zu ihnen. Die Arbeit bleibt die Arbeit; nur bei privaten Verhältnissen bleibt es Ihnen frei, beliebige Anredeweisen zu verwenden. Gehen Sie gerade als Führungskraft mit gutem Beispiel voran und vermeiden Sie solche Oberflächlichkeiten. Lockere Anreden haben vor allem durch kurze Textnachrichten ihren Weg in unser Leben gefunden, aber ältere Mitarbeitende könnten solche Lockerheiten besonders negativ aufnehmen.

Verabschiedung – Verständlicherweise gilt Gleiches für den Schluss Ihrer Nachricht, in diesem Fall die Verabschiedung. Bitte übertragen Sie Formulierungen, die Sie beispielsweise in privaten Handynachrichten zwischen Freunden und der Familie benutzen, nicht in das Arbeitsleben. Verabschiedungen wie „LG" sind keine formelle Abkürzung und müssen vermieden werden. Wählen Sie lieber: „Viele / Beste Grüße" oder „Besten Dank im Voraus und viele Grüße" – grundsätzlich sind Abkürzungen nicht angebracht, die Wörter sollten voll ausgeschrieben sein. Kommunizieren Sie mit Kolleginnen und Kollegen, mit denen Sie ein freundschaftliches Verhältnis pflegen, so sollten Sie stets im Hinterkopf haben, dass Ihre Nachricht möglicherweise aus arbeitsbedingten Gründen weitergeleitet oder eine weitere Person CC gesetzt wird. Auch wenn Sie für elektronische Kommunikation sensibilisiert und sich bewusst sind, was weitergeleitet werden darf und was nicht, so bedeutet das nicht, dass auch Ihre Kolleginnen und Kollegen sich dessen bewusst sind. Seien Sie sich über diese Feinheiten im Klaren und wenden Sie sie in Ihren elektronischen Interaktionen an.

Großschreibung & Ausrufezeichen – Ein Formulierung wie „DANKE !!!", kann und wird auch zumeist auf verschiedene Art und Weise interpretiert. Einerseits kann es Ausdruck einer großen Dankbarkeit sein, aber andererseits kann dies als sarkastisch und somit als sehr unfreundlich empfunden werden. Vielleicht ist dieser Nachricht eine Erinnerung vorausgegangen, oder Sie haben eine Frist überzogen: Vor solchen Hintergründen wird die Interpretation der Danke-Formel mehrdeutig und kann somit negativ ausgelegt werden. Gleiches gilt für Antworten auf Fragestellungen, die Ihnen banal und völlig unnötig vorkommen – vermeiden Sie trotzdem Antworten wie „NEIN" oder „Brauchen wir nicht!!!" mit drei Ausrufezeichen. Antworten Sie trotz allem höflich und in Ihrem gewohnten Schreibstil. Seien Sie sich der ausschlaggebenden Tatsache in der elektronischen Kommunikation bewusst – Ihrem Gegenüber ist nicht sichtbar, wie Sie eine Formulierung gemeint haben. Haben Sie ein freundliches Lächeln gehabt, hat sich Ihre Miene verzogen oder droschen Sie auf die Tastatur ein; oder antworteten Sie zwischen zwei Gesprächen über das Mobiltelefon? Bei der elektronischen Nachricht sind nur die geschriebenen Worte zu sehen; in einer regulären Unterhaltung stehen darüber hinaus Körpersprache, Mimik, Gestik und weitere Faktoren für die richtige Interpretation der gesprochenen Worte und deren dahinterliegenden Bedeutung zur Verfügung.

Negative Themen – Eine E-Mail ist schnell geschrieben, das peinliche Gespräch ist damit vermieden. Was im ersten Moment positiv erscheint, ist eine Entscheidung, die Sie besser vermeiden sollten. Sie sollten sich vor einem Entscheid in die Rolle Ihrer Mitarbeiterinnen und Mitarbeiter versetzten. Für Sie mag der Sachverhalt klar und einfach sein, doch für die Person auf der anderen Seite ist dies möglicherweise nicht selbstverständlich. Inhalte, die falsch interpretiert werden können, unangenehme Themen, allgemeine negative Entscheidungen, negatives Feedback etc. – all dies sind Felder, in denen Sie ausschließlich persönlich kommunizieren sollten. In einem persönlichen Gespräch werden deutlich mehr Parameter wirksam als in einer rein schriftlichen (elektronischen) Kommunikation. Der Klang Ihrer Stimme, Ihre Körpersprache, ein mitfühlender Blick oder einige aufmunternde Worte zum Schluss – die bedeutenden Faktoren, die jedes zwischenmenschliche Gespräch signifikant ausformen und es ermöglichen, auch unangenehme Inhalte auf eine positive Art und Weise zu vermitteln.

Konfliktmanagement

Konfliktmanagement ist ein sehr vielschichtiger Bereich, der in sich die unterschiedlichsten Disziplinen vereint. Ähnlich dem Element der Führung stellt gutes Konfliktmanagement die Fähigkeit dar, potenzielle Herausforderungen und somit mögliche Konflikt im Vorfeld zu erkennen und diesen frühzeitig vorzubeugen. Ich möchte hier nicht zu tief in die Materie des Konfliktmanagements eingehen, denn ein einzelnes Kapitel würde hierfür nicht ausreichen. Doch möchte ich Ihnen eine Übersicht zu einem interessanten Konfliktmodell anbieten. Mit diesem Wissen können Sie künftig entstehende oder bereits bestehende Konfliktsituationen aus einer anderen Sichtweise betrachten, analysieren und entsprechend reagieren.

Friedrich Glasl, der österreichische Ökonom, Organisationsberater und Konfliktforscher, stellte 1980 ein Modell zur Analyse von Konflikten vor. Auf Basis der Analyse einer Konfliktsituation ist eine passende Reaktion ableitbar, darüber hinaus ermöglicht es ein allgemeines Verständnis des akut stattfindenden Konflikts. Das Modell der Konflikteskalation ist in drei Hauptphasen gestuft, die jeweils in drei Unterphasen unterteilt werden.

Das Modell der Eskalationsstufen ist ein sehr vereinfachtes Modell, das der betrachtenden Person eine erste Einschätzung des Konfliktes ermöglicht. Die spezifische Besonderheit eines Konfliktes besteht darin, dass er von der Führungsperson, die den Konflikt zu lösen hat oder die selber involviert ist, aus einer rationalen Sichtweise heraus betrachtet werden muss. Gelingt es Ihnen, die akut stattfindende Situation emotional zu differenzieren, haben sie die Möglichkeit, diese zielgerichtet und effizient zu bewältigen.

Betrachten Sie im Folgenden das Modell der Konflikteskalation nach Friedrich Glasl. Eine Erklärung der einzelnen Phasen und jeweiligen Unterphasen habe ich Ihnen unten zusammengefasst.

1. Verhärtung
2. Debatte — win-win
3. Taten statt Worte

---

4. Koalitionen
5. Gesichtsverlust — win-lose
6. Drohstrategien

---

7. Begrenzte Vernichtungsschläge
8. Zersplitterung — lose-lose
9. Gemeinsam in den Abgrund

win-win – Die erste Hauptphase stellt das sogenannte win-win-Verhältnis dar. Befindet sich ein Konflikt noch in diesem Stadium, kann noch immer eine Lösung, die von beiden Konfliktparteien als positiv gewertet wird, angestrebt und möglich werden. Diese Phase unterteilt sich in drei weitere Ebenen, die alle als positives Ergebnis für die beteiligten Parteien betrachtet werden können.

Am Anfang einer potenziellen Problemstellung, einer Herausforderung oder auch einer als Konflikt zu bezeichnenden Situation steht die Verhärtung zweier aufeinandertreffender Meinungen. Hierbei kann es sich um ein fachliches Thema handeln, aber auch um das subjektive Empfinden gegenüber einem Themengegenstand. Im Rahmen einer Debatte werden die unterschiedlichen Meinungen oder Ansichten gegenübergestellt und diskutiert, dies kann durch einen allgemeinen Austausch erfolgen oder durch den Versuch, die andere Partei vom eigenen Gedankengang zu überzeugen. Die Ebene ‚Taten statt Worte' ist das Handlungsfeld, auf welchem die Bemühung um Auflösung der entstandenen Differenzen stattfindet. In Abhängigkeit von der jeweiligen Situation kann diese sehr unterschiedlich ausfallen. Es kann ein Kompromiss, die Annäherung an die andere Partei, die Behebung des Problemfalls oder Ähnliches sein.

win-lose – Die zweite Phase sieht eine gewinnende und eine verlierende Partei vor. Hat ein Konflikt erst einmal dieses Stadium erreicht, kann es keine zwei Gewinner mehr geben; ein Ergebnis, das verständlicherweise nicht optimal ist und negative Auswirkungen zur Folge hat. Im Fall einer Koalition besteht die Möglichkeit, dass sich zwei oder mehr Personen gegenüber den übrigen verbünden und durch ein gemeinsames Entgegentreten oder durch demokratische Überstimmung einen Konfliktpartner übertrumpfen. Die Phase des Gesichtsverlustes hat zur Folge, dass eine Person durch spezifische Handlungen oder Worte negativ dargestellt wird und deswegen die Auseinandersetzung verliert oder Schaden erleidet. Im Rahmen der Drohstrategie werden persönliche oder fachliche Aspekte genutzt, um eine Form der Überlegenheit zur Erringung des anvisierten Ziels, jedoch auf Kosten des Konfliktpartners, zu erzielen.

lose-lose – Die dritte Hauptphase ist dadurch charakterisiert, dass keine der beteiligten Parteien einen positiven Abschluss erzielt. Alle Beteiligten erleiden durch den entstandenen Konflikt einen Schaden mit den daraus resultierenden Konsequenzen. Unter begrenzten Vernichtungsschlägen werden Angriffe verstanden, die keinen vollständigen Erfolg über die andere Partein erzielen, sondern nur einen begrenzten Schaden zufügen. Die Möglichkeit der Schadenszufügung ist von Relevanz, auch wenn keine zielgerichteten Resultate mehr zu erwarten sind. Im Falle der Zersplitterung soll das Unterstützersystem des Gegners getroffen und wenn möglich zerstört werden. Hierbei handelt es sich um passive Angriffe, da diese nicht auf die Person im direkten Sinne abzielen. ‚Gemeinsam in den Abgrund' stellt die Alternative dar, die im Fall der Chancenlosigkeit in Betracht gezogen wird. Um den Gegner zu besiegen, wird die eigene Vernichtung einkalkuliert.

Nicht immer sind einzelne, in der Realität auftretende Konflikte klar einer Phase zuzuordnen. Zumeist sind aber Tendenzen erkennbar und die Intentionen der Konfliktparteien sind sichtbar. Auf diese Art und Weise haben Sie die Möglichkeit, Ihre individuellen Konfliktsituationen besser einzuschätzen und daraus resultierend rational zu handeln. Beachten Sie, dass es beim Konfliktmanagement primär um die Art und Weise Ihrer Kommunikation geht. Mittels einer besonnenen und rationalen Herangehensweise können Sie jeden Konflikt effizienter und zielgerichteter lösen.

Konkurrenten

Der Weg einer Führungskraft ist mit trügerischen Situationen gespickt, in denen Kühnheit und bewusstes Handeln gefragt sind. Ihr Aufgabenspektrum ist sehr vielfältig; Sie tragen Verantwortung für Ihre Mitarbeitenden, für die unternehmerischen Ziele der Organisation, für die Weiterentwicklung Ihrer persönlichen Kompetenzen und des spezifischen Fachwissens sowie verständlicherweise für die eigene Karriere. Seien Sie im Verlauf Ihrer Karriere sich eines bewusst: Sie werden früher oder später mindestens einer bestimmten Person begegnen – einer Person, die entweder direkt Ihre Position anstrebt, Ihre unternehmerische Absetzung anvisiert oder Ihnen Schaden zufügt.

Ich möchte Ihnen die Welt nicht schlecht reden, Misstrauen anderen Personen gegenüber schüren oder Ähnliches. Doch betrachten Sie diese Aspekte mit einer rationalen Sichtweise. Ihre unternehmerische Position wirkt auf andere Parteien verlockend, eine

Führungskraft zu sein, mehr karrierespezifische Möglichkeiten zu haben und womöglich ein höheres Einkommen zu beziehen. Dies sind Gründe, die auf gewisse Weise einen rationalen Ursprung haben und für Sie verständlich sind. Eine entsprechende Herausforderung stellen Thematiken dar, die nicht rational begründbar sind, sondern einen emotionalen und subjektiv geprägten Ursprung besitzen.

Leider ist es keine Seltenheit, dass junge Führungskräfte dem Neid und der Missgunst ihrer Kolleginnen und Kollegen ausgesetzt sind. Negative Emotionen haben zumeist eine lange Haltbarkeit und verleiten die betroffenen Personen gerne mal zu unüberlegten, irrationalen Taten – keine erfreuliche Feststellung, aber eine, die von Ihnen künftig zu berücksichtigen ist. Nicht alle Menschen werden Ihnen den Erfolg gönnen, und so ist es möglich, dass Ihnen früher oder später negative Reaktionen entgegentreten werden.

Vorsicht ist besser als Nachsicht. Dieser These zufolge sollten Sie eine gesunde Achtsamkeit und Vorsicht in Ihren beruflichen Alltag einbringen. Auch wenn damit keine wissenschaftliche Grundlage einhergeht, hören Sie hin und wieder doch auf Ihr Bauchgefühl, Ihre gewisse Vorahnung, die Sie nicht näher definieren können – sind Ihnen gegenüber andere Menschen möglicherweise negativ eingestellt? Gibt es in Ihrer Organisation einen Mitarbeitenden, eine Kollegin oder einen Kollegen, der nur zu gerne Ihre Position hätte?

Haben Sie jene Parteien identifiziert oder hegen eine erste Vorahnung, so gehen Sie nicht zur Konfrontation über; zu diesem Zeitpunkt ist genau das Gegenteil ratsam. Gehen Sie auf die entsprechenden Personen zu, treten Sie ihnen offen gegenüber und bemühen Sie sich, ein zwischenmenschliches Verhältnis aufzubauen.

Eine Studie zur Überprüfung dieser Annahme bestätigte den dahinterliegenden Gedanken. Personen, die ein starkes Dominanzstreben aufwiesen, arbeiten bei einer unsicheren Führungsposition lieber im selben Raum wie ihre Partner oder potenziellen Konkurrenten. Dieser Effekt ließ sich bei Versuchspersonen mit einem niedrigen Dominanzstreben nicht bestätigen. In Kauf genommen wurde eine potenzielle Verschlechterung der Gruppenleistung; es war den nach Dominanz strebenden Führungspersonen wichtiger, die vermeintliche Bedrohungslage nahe bei sich zu haben. Weitere Studien zeigten, dass insbesondere der Wunsch, den „Konkurrenten" genau zu überwachen für das Bedürfnis, den Anderen in der Nähe zu haben, verantwortlich ist.

> „Halte deine Freunde nahe bei dir, aber deine Feinde noch näher." *Marlon Brando, Der Pate*

Grenzen der Möglichkeit

Als junge Führungskraft sind Sie engagiert, streben die Einbringung neuer Ideen an, die Optimierung von Arbeitsprozessen, die Steigerung der grundlegenden unternehmerischen Effizienz oder den Anstieg der personellen Zufriedenheit – ein Arbeitsplatz, nach dem sich eine jede Mitarbeiterin, ein jeder Mitarbeiter sehnt. Sie sind eine ehrgeizige Persönlichkeit, handeln innovativ, kreativ, zukunftsorientiert und betrachten auftretende Herausforderungen auf eine neutrale und rationale Weise.

Ihre Zielvorstellung ist lobenswert und der dahinterliegende Gedanke ist auf das Wohl der gesamten Organisation ausgerichtet. Doch rückt auch an dieser Stelle ein „leider" in den Vordergrund. Die menschliche Persönlichkeit, die Gründe für Verhalten, Ansichten und Emotionen werden seit Jahrhunderten erforscht und auf die unterschiedlichsten Arten analysiert. Und doch lässt sich trotz dieses langen Zeitraums der Forschung festhalten, dass uns nur ein kleiner Teil bekannt ist, viele Bereiche liegen bis heute für uns im Verborgenen.

Das Studium des Verhaltens, der Kommunikation und der Menschen im Allgemeinen ist eine faszinierende Materie, der ein ganzes Leben gewidmet werden kann. Sie als Führungskraft tragen eine Verantwortung für Ihre Mitarbeitenden und treten als begleitende und unterstützende Person auf. Doch haben Sie eine gewisse Grenze der eigenen Möglichkeiten bei der Betreuung Dritter und der Unterstützung in individuellen Kompetenzen und des Wissenstandes. Sie stehen nicht in der Verantwortung, als psychologische Fachkraft entsprechenden Beistand zu leisten und tiefliegende Problematiken zu beheben. Auch wenn diese Aussage sehr distanziert der betroffenen Person gegenüber klingt, handelt es sich bei der betrachteten Situation trotzdem um ein Arbeitsverhältnis.

Die Nuancen dieser spezifischen Herausforderung möchte ich an dieser Stelle nicht im Detail ausführen, dafür würde selbst ein ganzes Buch nicht ausreichen. Ihnen sollte jedoch bewusst sein, dass Sie als hilfeleistende Person, aber auch hinsichtlich der Überzeugung einzelner Mitarbeitenden, von neuen Einführungen oder beispielsweise on Verbesserungen im Arbeitsprozess, eine Grenze Ihrer individuellen Möglichkeiten haben. Treten Sie mit einer positiven Einstellung, einer offenen Art, gesundem Ehrgeiz und ausreichend Engagement Ihren mitarbeitenden und den eigenen Vorgesetzten entgegen. Doch reflektieren Sie die jeweiligen Gegebenheit, in der zwischenmenschlichen Zusammenarbeit, in Bezug auf eine gewisse Unbelehrbarkeit einzelner Persönlichkeiten, einer Einstellung, die es Ihnen nicht möglich macht, die anvisierten Zielsetzungen den eigenen Vorgaben zufolge zu erreichen.

Sie werden früher oder später Mitarbeitenden oder Ihren Vorgesetzten gegenüberstehen, die Sie nicht verstehen oder nicht verstehen wollen, die Ihre Ideen und Innovationen auf rationaler oder subjektiver Ebene ablehnen. Erkennen Sie hierbei eine subjektive Basis, so denken Sie darüber nach, ob in diesem Fall Ihre Mühe zu einem positiven Ende führt oder vergebliche Mühe und Zeit ist.

Zeitmanagement

Natürlich wirkt ein einzelnes Kapitel zum Thema Zeitmanagement speziell in diesem Ratgeber für junge Führungskräfte auf den ersten Blick etwas deplatziert. Dennoch soll an dieser Stelle nicht darauf verzichtet werden, zumindest die Aspekte anzusprechen, von denen speziell Führungskräfte besonders stark profitieren.

Diese Aufgabe kommt meinem Partner Dr. Koch, einem der führenden Experten für Zeitmanagement in Deutschland zu.

Alle Instrumente, die ich Ihnen im Folgenden vorstellen werde, wurden in zahlreichen Seminarveranstaltungen mit Führungskräften evaluiert und weiterentwickelt, um sicherzustellen, dass sie tatsächlich praxistauglich sind. Selbstverständlich kann und soll an dieser Stelle das Thema Zeitmanagement nicht umfassend abgehandelt werden – hier sei auf die umfangreiche Fachliteratur verwiesen. Vielmehr soll eine Konzentration auf die Top Five der wichtigsten und effizientesten Werkzeuge geschehen.

Prime Time – Gerade als Führungskraft ist es wichtig, dass Sie mit Ihrer Energie haushalten und sie gezielt einsetzen. Viele Ratgeber zum Zeitmanagement empfehlen, die wichtigsten Aufgaben gleich frühmorgens zu erledigen. Dieser Ansatz hat tatsächlich einiges für sich: Auf diese Weise gehen Sie sicher, dass trotz möglicher unvorhersehbarer Ereignisse die wichtigsten to-do's erledigt sind. Wenn Sie die Aufgabe mit höchster Priorität bereits morgens in der Zeit zwischen 07:00 Uhr und 08:59 Uhr erledigt haben, kann um 09:00 Uhr die Welt untergehen – oder ein wichtiger Klient zur Türe hereinschneien, Ihr Vorgesetzter mit einer Aufgabe aufwarten, die keinerlei Aufschub duldet, oder ein Projekt vor dem Scheitern stehen – und dennoch haben Sie an diesem Tag Ihre wichtigste Aufgabe erledigt. Soweit die Theorie.

In der Praxis macht es wenig Sinn, sich frühmorgens durch die Aufgaben mit höchster Priorität zu kämpfen, wenn Sie persönlich erst am Nachmittag zur Bestform auflaufen und zu Höchstleistungen fähig sind. Mit anderen Worten: Es ist nicht sinnvoll, sich sklavisch an Vorgaben einzelner Zeitmanagement-Ratgeber zu halten, wenn dies Ihrem persönlichen Biorhythmus zuwiderläuft.

Chronobiologen unterscheiden zwischen Eulen und Lerchen – und nein, Chronobiologen sind keine Vogelforscher. Vielmehr setzen sie sich mit der sogenannten inneren Uhr auseinander, die alle Abläufe im menschlichen Körper steuert. Der Unterscheid zwischen sogenannten Chronotypen lässt sich folgendermaßen auf den Punkt bringen:

- Lerchen sind frühmorgens in Höchstform, während ihre Produktivitätskurve im Laufe des Tages abfällt.
- Die Leistungskurve von Eulen hingegen steigt im Laufe des Tages an, so dass sie nachmittags oder abends zu Bestleistungen fähig sind.

Diese Erkenntnis zu nutzen bedeutet für Sie zunächst einmal wachsam zu sein und die Zeit zu identifizieren, zu der Sie besonders viel Energie haben und zu Bestleistung fähig sind.

Allerdings hängt Ihre Produktivität nicht allein von Ihrem Chronotypus ab. Vielmehr sind hier auch äußere Faktoren entscheidend: Selbst wenn Sie sich gerade in Höchstform befinden – wirklich produktiv werden Sie wohl kaum arbeiten, wenn Sie alle fünf Minuten von einem Anruf unterbrochen werden oder gezwungen sind, kontinuierlich auf eingehenden E-Mails zu reagieren oder sich mit Ihren Kolleginnen und Kollegen auszutauschen. Deshalb sollten Sie in einem zweiten Schritt die Zeiten herausfinden, zu denen Sie weitgehend störungsfrei arbeiten können.

Wenn Sie nun die Zeiten, zu denen Sie viel Energie haben, mit denen kombinieren, zu denen Sie nur selten unterbrochen werden, haben Sie Ihre persönliche Prime Time identifiziert. Vergeuden Sie diese Prime Time nicht mit Nebensächlichkeiten, sondern planen Sie für diesen Zeitraum gezielt die Arbeit an denjenigen Aufgaben ein, die Sie persönlich voranbringen und von denen Ihr Erfolg abhängt.

Power Hour – Allzu häufig berichten Führungskräfte, dass sie in Ihrer täglichen Arbeit von Kleinigkeiten aufgehalten werden, die zwar nicht wirklich Großartiges zu ihrem Erfolg beitragen, die aber dennoch erledigt werden müssen. Diese Kleinigkeiten, deren Abarbeiten lediglich einige wenige Minuten dauert, sammeln sich im Lauf der Zeit an und verhindern, dass die Aufmerksamkeit der Führungskraft sich zu einhundert Prozent auf die besonders wichtigen Aufgaben konzentriert. Ständig schwirrt im Hinterkopf der Gedanke an die noch unerledigten to-do's herum.

Hier schafft die Power Hour Abhilfe. Planen Sie von Anfang an, also bereits im Vorfeld einer Arbeitswoche, ein oder zwei Termine für eine Power Hour ein. Das bedeutet, dass Sie zu zwei frei gewählten Zeitpunkten je 60 Minuten ausschließlich für die Erledigung von Kleinigkeiten reservieren: Wenn Sie all Ihre Teammeetings, Besprechungen mit externen Partnern und zu erledigenden Aufgaben in den Terminplaner eintragen, blocken Sie zweimal 60 Minuten für eine Power Hour. Prinzipiell gibt es hier zwei Ansätze:

- Sie tragen die Power Hour zu den Zeiten ein, zu denen Sie weniger produktiv sind – die ‚Eule' trägt ihre Power Hour am frühen Morgen ein, wenn sie, noch schlaftrunken, nicht die Energie hat, sich auf große, wichtige Aufgaben zu konzentrieren. Die ‚Lerche' hingegen platziert ihre Power Hour auf den späten Nachmittag, wenn die Konzentrationskurve bereits abfällt und hocheffizientes Arbeiten verunmöglicht. Eine sinnvolle Vorgehensweise.
- Ebenso sinnvoll jedoch ist auch Variante 2: Hier platzieren Sie Ihre Power Hour genau in Ihre Prime Time und somit exakt dann, wenn Sie besonders produktiv sind. Hintergrund ist die Absicht, in diesen 120 Minuten besonders effizient zu arbeiten und Höchstleistung zu bringen, damit tatsächlich alle anfallenden Kleinigkeiten von der to-do-Liste getilgt sind und im Nachgang eine Konzentration auf die wesentlichen Aufgaben möglich ist.

Darüber hinaus sammeln Sie für die Umsetzung einer Power Hour alle anfallenden Kleinigkeiten, deren Erledigung weniger als 5 Minuten dauert, in einer Art gesonderten to-do-Liste. Auf dieser markieren Sie am Vorabend so viele Kleinigkeiten, wie Sie in 60 Minuten schaffen können. Denn einerseits wollen Sie die Power Hour nicht zeitlich ausdehnen, da es Ihr Ziel ist, in dieser einen Stunden absolut hochkonzentriert und mit maximalem Fokus zu arbeiten. Die Power Hour ausdehnen hieße ein Weiterarbeiten mit abgesenkter Konzentration und Produktivität akzeptieren. Andererseits soll die Power Ihnen das gute Gefühl geben, alle geplanten to-do's tatsächlich erfolgreich abgearbeitet zu haben. Dieses Erfolgserlebnis motiviert Sie vor allem dann für die Arbeit des restlichen Tages, wenn Ihre Power Hour am frühen Morgen liegt.

Ablenkungen vermeiden – hochkonzentriert arbeiten, ohne dass ein Ende in Sicht ist? Frustrierend, ineffektiv und eigentlich unmöglich! Gerade beim hochkonzentrierten Erledigen anspruchsvoller Aufgaben benötigt das menschliche Gehirn von Zeit zu Zeit eine Pause, um danach mit maximaler Energie und maximalem Fokus weiterarbeiten zu können. Hier ist die Pomodoro-Technik optimal.

Klassischerweise organisieren Sie Ihr Arbeiten in 30-Minuten-Etappen. In diesen arbeiten Sie 25 Minuten hoch konzentriert, um im Anschluss eine 5-minütige Pause einzulegen. Nach jeder vierten Pomodoro-Einheit gönnen Sie sich eine 15-minütige Pause.

In der Praxis mag diese Originalvariante der Pomodoro-Technik für Selbstständige oder in einem besonders kreativen, freien Arbeitsumfeld funktionieren. In der Regel müssen Sie diese hocheffiziente Methode jedoch etwas anpassen:

[1] Beobachten Sie sich selbst und finden Sie die Zeitdauer heraus, die Sie tatsächlich mit absolutem Fokus und zu einhundert Prozent konzentriert an einer Aufgabe arbeiten können. Diese Zeitspanne liegt selbst bei hochmotivierten, engagierten Führungskräften selten über 40 Minuten.

[2] Organisieren Sie Ihr Arbeiten in entsprechenden Zeiteinheiten. Während dieser Zeit arbeiten Sie hochkonzentriert an einer Ihrer A-Aufgaben und lassen sich von nichts ablenken: Den eingehenden Anruf ignorieren Sie, dem Sie ansprechenden Kollegen signalisieren Sie, akut nicht zur Verfügung zu stehen, und selbst die Tasse Kaffee und der Gang zur Toilette kann noch warten. Führen Sie sich vor Beginn einer jeden Pomodoro-Einheit vor Augen, dass diese relativ schnell endet und Ihnen nur wenig Zeit zur Verfügung steht, um bei Ihrer Aufgabe voran zu kommen. Führen Sie sich vor Augen, dass Sie sich keinerlei Ablenkungen und Unaufmerksamkeiten leisten können.

[3] Selbstverständlich sollte nicht jede der Pausen im Anschluss an die einzelnen Zeiteinheiten eine echte Pause sein. Allerdings sollten Sie Wert auf einen Aktivitätswechsel legen. Das

bedeutet: Wenn Ihre optimale Konzentrationsspanne bei 35 Minuten liegt und Sie in dieser Zeit hochkonzentriert am Bildschirm gearbeitet haben, nutzen Sie Ihre Pause um – idealerweise im Stehen oder im Gehen – einen Anruf zu tätigen, Ihre Tasse Kaffee zu holen oder das Gespräch mit einem Kollegen oder einer Kollegin zu suchen.

Beachten Sie jedoch die folgenden Aspekte hinsichtlich der Pomodoro-Methode:

- Verzichten Sie darauf, Ihre Pomodoro-Einheiten auszudehnen und mit absinkender Aufmerksamkeit und Konzentration um des Arbeitens willen einfach weiter zu arbeiten. Ihr Ziel muss sein, konstant mit maximaler Konzentration an einer Aufgabe zu arbeiten und eine Pause bzw. einen Aktivitätswechsel einzuplanen, sobald Sie sich nicht mehr zu einhundert Prozent auf diese konzentrieren können.
- Die Pomodoro-Technik ist nicht für kreative Tätigkeiten geeignet, bei denen Sie „in einen Flow" kommen müssen!
- Dennoch erfordert die Pomodoro-Technik Kreativität: die Kreativität, ein störungsfreies Umfeld zu erzeugen. Tragen Sie Kopfhörer, die ein Telefonat vortäuschen, ziehen Sie sich in einen leerstehenden Konferenzraum zurück oder vermeiden Sie gezielt Blickkontakt mit anderen.
- Verzichten Sie bitte darauf, Ihren gesamten Arbeitstag hochmotiviert in einzelne Pomodoro-Einheiten zerlegen zu wollen. Dies wird nicht funktionieren. Entscheiden Sie am Vorabend auf Basis der für den nächsten Tag anstehenden Termine und to-do's, wie viele Pomodoro-Einheiten realistisch und nötig sind.

Ablenkungen nutzen – Von morgens bis abends hochkonzentriert arbeiten, ohne sich dabei ablenken zu lassen? Utopisch! Selbst die Pomodoro-Technik kann Ihnen dies nicht ermöglichen, selbst die motivierteste Führungskraft wird sich früher oder später dabei ertappen, dass während der Arbeit an einer wichtigen Excel-Tabelle der Blick sich vom Monitor löst, ziellos durch das Büro wandert und sich der Gedanke an ein bevorstehendes Grillfest einstellt. Nutzen Sie diese Unaufmerksamkeiten, um sich kontinuierlich an die Aufgaben zu erledigen, denen Sie sich noch widmen wollen. Nutzen Sie diese Unaufmerksamkeiten, um Kurs auf Ihr Ziel zu halten. Hierzu stehen Ihnen vor allem zwei Möglichkeiten zur Verfügung:

[1] Stellen Sie sicher, dass sich Ihre to-do-Liste kontinuierlich in Ihrem Blickfeld befindet. Notieren Sie Ihre Aufgaben auf farbigem Papier, das selbst auf einem überfüllten Schreibtisch sofort ins Auge sticht und Ihren Blick auf sich zieht. Auf diese Weise verhindern Sie, dass Ihr Blick in Phasen der Unaufmerksamkeit ziellos umherwandert und nutzen diese, um dauerhaft Kurs zu halten.

[2] Nutzen Sie den Bildschirmschoner, um sich Ihre wichtigsten Ziele und Aufgaben vor Augen zu führen. Stellen Sie sicher, dass der Blick auf den aktuell nicht genutzten Monitor Sie daran erinnert, weshalb Sie den schwer verständlichen Kommentar zu einem Gesetzestext lesen, weshalb Sie sich gerade durch ein umständlich formuliertes Protokoll kämpfen und weshalb Sie sich gerade auf die Abschlussprüfung Ihrer Fortbildung oder Ihres Zusatzstudiums vorbereiten. Um dies zu realisieren existieren unterschiedliche, kostenfreie to-do-Listen-Screensaver. Bedenken Sie jedoch gegebenenfalls, dass auch andere Ihren Bildschirm einsehen können. So ist die Erinnerung „neuen Arbeitgeber suchen" in einem Großraumbüro vermutlich keine gute Idee.

30-sec-Law – die 30-Sekunden-Regel habe ich bei einem Seminar zum Zeitmanagement selbst kennengelernt und lange Zeit nicht in meine eigenen Veranstaltungen integriert. Zu selbstverständlich, zu profan erschien mir ihr Inhalt. Nach dem vielfach positiven Feedback von Seminareilnehmenden, denen ich in der Mittagspause davon berichtet hatte, ist sie mittlerweile fester Bestandteil. Ich nenne diese Methode jedoch Mother's Law – das Gesetz meiner Mutter, das Gesetz Ihrer Mutter, das Gesetz aller Mütter!

Es besagt nichts anderes, als dass Sie ab sofort jede Aufgabe, die sich in weniger als 30 Sekunden erledigen lässt, sofort erledigen. Eben genau im Sinne meiner Mutter: Wirf Deine Socken nicht auf den Boden, sondern gleich in die Wäsche! Stell Dein leer getrunkenes Glas nicht in die Spüle, sondern gleich in die Spülmaschine!

Auf diese Weise werden Sie nie wieder in die Verlegenheit kommen, dass sich tausend winzige Kleinigkeiten angesammelt haben, deren Erledigung Sie von wirklich wichtigen Aufgaben abhält. Nie wieder werden Sie an einer Aufgabe sitzen, die Ihre volle Konzentration erfordert und gleichzeitig daran denken müssen, noch die Out-off-Office-Funktion Ihres E-Mailprogramms zu aktivieren.

Typische Fehler junger Führungskräfte

Junge Führungskräfte prägen seit einigen Jahren immer mehr das Erscheinungsbild von Unternehmen, der Politik und öffentlichen Einrichtungen. Einzelne Teams oder ganze Abteilungen in Unternehmen fallen zumeist durch ihr durchschnittlich jüngeres Alter auf, ein Wandel in der klassischen Organisationsstruktur hat seinen Lauf genommen und findet sich ebenfalls bei den jeweiligen Führungskräften wieder. Doch ähnlich anderen Neuerungen und beginnenden kulturellen sowie prozessorientierten Innovationen und Entwicklungen bedarf es auch hierbei etwas Zeit. Gerade auf ältere Mitarbeitenden mag es seltsam wirken, eine Tatsache, welche als etwas sehr Ungewohntes wahrgenommen wird – junge Führungskräfte, die zum Teil deutlich ältere Kolleginnen und Kollegen führen und für diese verantwortlich sind. Durch spezifische Besonderheiten, begründet auf Ihrem verhältnismäßig jungen Alter und der Wahrnehmung Ihrer Person durch Dritte, sehen Sie sich gewissen Herausforderungen gegenüberstehen. Einige typische Fehler, oder anders ausgedrückt, zu vermeidende Verhaltensweisen habe ich Ihnen im Folgenden zusammengefasst. Aspekte aus unterschiedlichen Bereichen, doch in ihrer jeweiligen Thematik von großer Bedeutung – gerade bei potenziellen negativen Folgen in deren falscher Handhabung. Seien Sie versichert, jene Aspekte treten tendenziell auch bei älteren Kolleginnen und Kollegen auf. Sehen Sie sich in Ihrem privaten und beruflichen Umfeld um, vielleicht fallen Ihnen diese daraufhin deutlicher auf.

Fehler #1: Erwartungen der Vorgesetzten

Die Aufgaben einer Führungskraft sind für gewöhnlich äußerst vielfältig. Auf der einen Seite haben Sie Mitarbeiterinnen und Mitarbeiter, die Sie anleiten, motivieren, unterstützen und für die Sie im Allgemeinen die Verantwortung tragen. Auf der anderen Seite birgt Ihre Position, im üblichen Sinne, auch einen betriebswirtschaftlichen Kontext. Hieraus resultieren mögliche Verkaufszahlen, eine bestimmte Arbeitsleistung oder ähnliche, zumeist messbare Faktoren. Anhand dieser stehen Sie entsprechend Ihren eigenen Führungskräften gegenüber in der Verantwortung und werden bewertet. Die Bewertung geschieht auf zwischenmenschlicher Basis, da Sie jedoch für Ihre Tätigkeit eine Entlohnung beziehen, auch auf kennzahlenbasierten Faktoren. Darüber hinaus können weitere Einflussfaktoren zum Tragen kommen, wie beispielsweise der Aufbau eines stabilen und stark zusammenhaltenden Teams, Entwicklung innovativer Ansätze, Stärkung der Kundenbeziehungen, Verbesserung der äußeren Darstellung, Erschließung neuer Geschäftsfelder und Vergleichbares. Diese Themenbereiche können im Rahmen Ihrer Tätigkeit als Führungskraft Bestandteil Ihres Arbeitsumfanges sein.

Ein oft auftretendes Problem ist das Defizit in der direkten und auf rationalen Fakten basierende Kommunikation. Lassen Sie uns das Beispiel „Stärkung der Kundenbeziehung“ aufgreifen – wäre Ihnen direkt bewusst, was Ihre Vorgesetzten in diesem Zusammenhang von Ihnen erwarten? Wird diese Aufgabenstellung anhand von Kennzahlen oder anderen messbaren Faktoren analysiert oder wird Ihnen ohne weitere Kontrolle Vertrauen entgegengebracht? Welche direkte Erwartungshaltung haben Ihre direkten Vorgesetzten an Sie? Worauf legen sie besonderen Wert? Gibt es wichtige unternehmensbezogene und sozialbasierende Themengebiete, welche ihnen schlichtweg egal sind? Themengebiete, in denen die Organisation operiert, Mehrwerte einbringt und sich auf andere Bereiche positiv äußert – Themengebiete, die jedoch für Ihre Führungskraft ohne tiefgehende Bedeutung sind?

Die Gründe hierfür können vielfältig sein. Auf der einen Seite können die durch entsprechende Verbesserungen generierten Resultate und übergreifende positive Auswirkung auf subjektiver Ebene nicht wertgeschätzt werden. Auf der anderen Seite können Ihre Führungskräfte ebenfalls gewisse Zielvorgaben haben, welche für sie in diesem Moment eine größere Bedeutung haben und ihnen wiederum weitere Vorteile einbringen können. Sie erkennen, an dieser Stelle treten Vermutungen auf, welche Sie nicht sicher analysieren und definieren können. Zum ursprünglichen Gedanken zurückgehend ist jedoch festzustellen, dass es von signifikanter Bedeutung ist, dass Ihnen die individuellen Erwartungshaltungen Ihrer Vorgesetzten bewusst sind. Einerseits sind Ihre Mitarbeitenden für Sie sehr wichtig und entscheidend für den Erfolg Ihrer Arbeit, andererseits haben Sie die an Sie gestellte Erwartungshaltung seitens der Unternehmensleitung zu erfüllen. Erst die Kombination beider Seiten gewährleistet Ihnen einen dauerhaften Erfolg in der Organisation oder die Möglichkeit, neue Wege in höheren Stellungen anderer Unternehmen anzugehen.

Die damit einhergehende Problematik ist erfahrungsgemäß, dass die an Sie gestellte Erwartungshaltung nicht klar und strukturiert formuliert und kommuniziert wird. Bemühen Sie sich, initiativ den notwendigen Kontakt zu suchen und die Erwartungshaltung anhand eines zeitlichen Schemas oder ähnlicher Herangehensweisen im Detail abzustimmen und idealerweise schriftlich zu formulieren. Sie sind eine Person, die als Führungskraft erfolgreich sein möchte – so denken Sie weiter als Andere und Sie vermeiden unnötige, leichtsinnig hervorgerufene Kommunikationsprobleme in Bezug auf Ihre Arbeit und deren gewünschten Resultate.

Fehler #2: Erwartungen der Mitarbeitenden

Haben Sie Ihre Kolleginnen und Kollegen in der Vergangenheit offen gefragt, was diese von Ihnen als Führungskraft oder Teil eines Teams erwarten? Wurden Sie möglicherweise in einer Ihrer Tätigkeiten vom Teamleiter, vom Bereichsverantwortlichen, von der Geschäftsleitung oder ähnlichen Person nach der individuellen Erwartungshaltung gefragt? Leider lautet die Antwort auf solche Frage sehr oft nein. Zu häufig ist anzutreffen, dass Führungskräfte eine einseitige Kommunikation in Richtung Ihrer Mitarbeitenden ausführen.

Bei Eintritt in ein neues Team, zu Beginn einer neuen Führungsverantwortung oder im allgemeinen Verlauf der Tätigkeit wird die Erwartungshaltung der Mitarbeiterinnen und Mitarbeiter nur selten offen thematisiert oder berücksichtigt. Zumeist findet eine einseitige Kommunikation seitens der vorgesetzten Person statt.

Die aktive und leidenschaftliche Unterstützung der Mitarbeitenden wird als gegebener Faktor und vorhandene Ressource gehandhabt. Einerseits steht es Ihnen in Ihrer Position frei, die Ressource „Mitarbeitende" entsprechend der Tätigkeit einzusetzen und durch das vereinbarte Gehalt zu belohnen. Aus einer zwischenmenschlichen Perspektive betrachtet muss Ihnen bewusst sein, dass die Wertschätzung Ihrer Kolleginnen und Kollegen von signifikanter Bedeutung für die Motivation, kreative und innovative Arbeitsleistung, Bindung an das Unternehmen und Loyalität Ihnen gegenüber als Führungskraft ist.

Sie erwarten Einsatzbereitschaft von Ihrem Team? Gewähren Sie eine offene und harmonische Zusammenarbeit, bei der Erwartungshaltungen angesprochen werden und eine jede Person sich in ihrer Aussage wertgeschätzt fühlt? Die Abfrage der individuellen Erwartungen führt zu einer emotionalen Verbundenheit Ihnen gegenüber – Sie generieren eine zwischenmenschliche Verbindung, welche mit einer reinen Gehaltszahlung nicht zu erreichen ist. Möglicherweise bestehen Sorgen oder Ängste, vielleicht ist das Arbeitspensum überproportional zur vorhandenen Erfahrung und Ihre Kolleginnen und Kollegen hoffen auf eine stärkere Unterstützung durch Sie. Versprach die Stellenausschreibung eventuell einen anderen, Sie betreffenden Arbeitsrahmen, und durch dessen Nichtvorhandensein wächst zunehmend die Unzufriedenheit?

Unzählige Beispiele lassen sich zu diesem Themenbereich formulieren. Erst eine wertschätzende und kooperative Zusammenarbeit zwischen Führungskraft und Mitarbeitenden kann stabilen und langfristigen Erfolg für die gesamte Organisation und daraus resultierend für Sie als Führungskraft bedeuten. Treten Sie am Anfang, aber auch im Verlauf der Zeit an Ihre Mitarbeitenden heran – zeigen Sie Interesse an der individuellen Person, bemühen Sie sich, ihre Beweggründe zu verstehen und öffnen Sie sich für Sie betreffende offene Worte. Hat Ihr Team möglicherweise eine andere Handlungsweise erwartet, stärkere Einbindung bei strategischen Entscheidungen, gemeinsame Ausarbeitung von Projekten oder einfach einen regelmäßigen Austausch über anstehende Ereignisse und die Entwicklung der gesamten Organisation? Mit

Ihrem Team zusammen und nicht Sie allein mit Mitarbeitenden, welche „nur" die Arbeit erledigen? Das Teamgefühl ist zumeist stärker als der Kampf eines Individuums.

Fehler #3: Zieldefinition & Kommunikation

Die Formulierung eigener Ziele ist eine gewisse Herausforderung, die mit etwas Zeit und Konzentration zu meistern ist. Sie beschäftigen uns nicht das erste Jahr mit der eigenen Person und wissen wonach Sie streben, was Ihr innerer Antrieb ist. Zu verschiedenen Abschnitten unseres Lebens differenzieren sich diese, doch haben wir oftmals zumindest eine grobe Vorstellung, einen gewissen Rahmen vor Augen. So entscheidend die Zielsetzung für Ihren persönlichen Erfolg ist, hat sie auch im beruflichen Kontext einen ausschlaggebenden Einfluss.

Die Führung eines Teams, einer ganzen Abteilung oder eines Bereiches ist in der Komplexität nicht einfacher als die Orientierung der eigenen Person. Daraus resultierend haben Sie im beruflichen Kontext die Herausforderung zu bewältigen, Ihre Mitarbeitenden im Einzelnen, aber auch die Arbeitsleistung aller Beteiligten in eine zielgerichteten Art und Weise zu steuern. Sind Ihnen jedoch die umzusetzenden Maßnahmen in ihrer strukturierten und aufeinander aufbauenden Form nicht bewusst und bekannt, können Sie diese entsprechend weder effektiv noch effizient bewältigen. Ihrem Gespräch mit den eigenen Vorgesetzten hinsichtlich deren Erwartungshaltung an Sie und dem Austausch mit Ihren Mitarbeitenden folgend, ist es an Ihnen, die auf Sie wirkenden Einflussfaktoren in Einklang mit der unternehmerischen und personellen Erwartung und den Ihnen hierfür zur Verfügung stehenden Ressourcen zu bringen.

Auf Ihre Überlegungen und Formulierungen aufbauend ist eine entsprechende Zieldefinition mit den zugehörigen Zwischenetappen notwendig. Mit Hilfe dieser haben Sie für sich selbst einen Ablaufplan für die kommende Zeit sowie die Möglichkeit, für Ihre Mitarbeitenden eine abgeleitete grundlegende Übersicht der anstehenden Meilensteine zu erstellen. Eine strukturierte und visuelle Übersicht von Teilaufgaben und den zu erreichenden Gesamtzielen ermöglich Ihnen eine strukturiertere Herangehensweise an die täglichen Aufgaben. Damit einhergehend ermöglicht Ihnen diese Übersicht eine stärkere Einbindung Ihrer Kolleginnen und Kollegen, wodurch diese eine emotionale Bindung an das Unternehmen und an Sie als Führungskraft verspüren. Die Offenlegung der kurz- und mittelfristigen Planung fördert die innovative und kreative Arbeitsleistung im Team. Durch transferspezifischen Bezug einzelner Aufgabenbereiche bleibt die Motivation trotz unliebsamer Aufgaben höher als bei unklaren zu verfolgenden Zielen. Sichern Sie sich den Rückhalt Ihrer Mitarbeitenden und lassen Sie sie an Ihren Gedanken, Plänen und Grenzen in der Umsetzung teilhaben. Gehen Sie Problematiken als Team an und zeigen Sie sich von einer dem Kollegium nahestehenden Person und nicht als distanzierte Führungskraft.

Zufriedene und eingebundene Mitarbeitende fördern den allgemeinen betriebswirtschaftlichen Erfolg und stützen Sie als Person für höhere Positionen innerhalb der Organisation. Nicht allein, sondern mit Hilfe Ihres Teams erreichen Sie die persönlichen Ziele schneller und effizienter.

Der folgende Ablauf kann Ihnen als zukünftige Hilfestellung zur Zieldefinition & Kommunikation dienen:

- Erwartungshaltung seitens Ihrer Vorgesetzten und Festlegung von messbaren Erfolgsfaktoren
- Persönlicher Austausch mit den Mitarbeitenden über individuelle Vorstellungen und Bedürfnisse, bezugnehmend auf die Arbeit und Sie als direkte Führungskraft
- Zieldefinition und Formulierung der auf Etappenzielen basierenden, strukturellen Herangehensweise
- Darstellung der abgeleiteten und bereinigten Zielformulierungen und Etappenziele für die eigenen Mitarbeitenden

Die formulierten vier Teilbereiche stellen einen groben Rahmen für Ihre individuelle Anwendung dar. Nutzen Sie diese als Rahmen für die auf Ihre Arbeitsstelle passende Spezifikation. Halten Sie diese jeweils schriftlich fest und verfeinern Sie die einzelnen Methoden im Lauf der praktischen Anwendung. Analysieren Sie Defizite und

Notwendigkeiten zur weiteren Optimierung – wichtig ist stets aus Fehlern zu lernen und diese künftig nicht zu wiederholen.

Fehler #4: Ungeduld

„Ich bin da, alles wird gut." Eine Aussage, als hätte die ganze Welt nur auf Sie gewartet. Der Gedanke, der Wunsch oder das gesetzte Ziel, etwas innerhalb von kurzer Zeit vollständig zu verändern, ist Weg, den einzuschlagen gefährlich ist. Negative Herangehensweisen und Methoden haben sich unter Umständen über Jahre hinweg in die Unternehmenskultur eingeschlichen und sind stark in der Organisation und der Arbeitsmentalität verankert. Menschen neigen dazu, sich an gegebene Muster zu gewöhnen und diese als vorhandenen Bestandteil hinzunehmen. Oftmals werden falsche Methoden durch fachlich inkompetente Führungskräfte vorgelebt oder den Mitarbeitenden vermittelt.

Schließen Sie bei Ihrer täglichen Arbeit nicht von sich auf Andere. Begleiten Sie Ihre Mitarbeitenden oder Ihre Kolleginnen und Kollegen in deren individuellem Tempo. Seien Sie sich stets bewusst, Sie sind die Führungskraft – entsprechend wird von Ihnen eine andere Arbeitsleistung erwartet und in Anspruch genommen; Ihre Teammitglieder haben einen entsprechend differenzierten Aufgabenbereich.

Ähnlich verhält es sich mit Änderungen, die Sie umsetzen möchten. und neue Strukturen, die schrittweise implementiert und übernommen werden sollen. Überstürzen Sie neue Prozesse, Herangehensweisen oder allgemeine Arbeitsmethoden nicht. Nehmen Sie sich die Zeit, Ihr Team über die anstehenden Veränderungen und deren Hintergründe zu informieren.

Ein häufiger Fehler von jungen Führungskräften ist, dass sie Vieles des Bestehenden anpassen oder vollständig verändern möchten. An sich eine Herangehensweise, die nicht zwingend negativ sein muss – der dafür in Anspruch genommene Zeitraum ist jedoch entscheidend. Die Umsetzung Ihrer Ziele in einem kurzen Zeitraum, alle Ideen parallel oder direkt aneinander anschließend, ist kein ratsamer Weg. Überstürzen Sie die jeweiligen Prozesse nicht, gehen Sie dies Schritt für Schritt an. Wichtig für Sie ist, auf die Reaktionen Ihrer Teammitglieder im Verlauf der Einführung neuer

Methoden und Ansätze zu reagieren. Spüren Sie eine gewisse Ablehnung dem Neuen gegenüber, eine Hemmung in der Anwendung, oder Unzufriedenheit über die neuen Arbeitsprozesse? Sprechen Sie Ihre Wahrnehmungen offen an und begleiten Sie Ihre Kolleginnen und Kollegen auf dem Weg der Implementierung, stehen Sie Ihnen mit Rat und Tat zu Seite.

Fehler #5: Wertmaßstäbe

Entscheiden Sie sich für eine Position als Führungskraft und die allgemeine hierarchische oder fachliche Karriere, so sollten Sie sich bewusst sein, dass nicht alle Personen in Ihrer Umgebung einen gleichen Weg als erstrebenswert ansehen. Diese Aussage vermag im ersten Moment als logisch und leicht zu verstehen erscheinen, doch geht damit zumeist eine gewisse persönliche Einstellung gegenüber der Arbeit, dem allgemeinen Engagement, der persönlichen Einbringung in schwierigen Zeiten und der eigenen fachlichen und sozialen Weiterbildung.

Sie haben für sich individuell entschieden, einen für gewöhnlich anstrengenden und manchmal auch ungewissen Weg einzuschlagen. Sie streben eine Position mit Führungsverantwortung an und die damit einhergehende Verantwortung Mitarbeitenden sowie dem Unternehmen gegenüber. Personen in Ihrem direkten oder indirekten Umfeld empfinden auf eine differenzierte Art und Weise und streben jene Herausforderungen nicht an. Diese Haltung kann unterschiedliche Beweggründe haben. Einerseits können fachbezogene Karrieren angestrebt werden, oder aber ein Arbeitsverhältnis, das von Sicherheit und Beständigkeit im Aufgabenbereich geprägt ist, oder einfach eine Tätigkeit, mit der keine direkte Verantwortung anderen Personen gegenüber einhergeht.

Hierbei ist für Sie von entscheidender Bedeutung, dass Sie keine Vergleiche von Mitarbeitenden sowie Kolleginnen oder Kollegen mit sich selbst vornehmen sollten. Ihre Zielsetzung und Ihre Persönlichkeit unterscheiden sich von anderen Menschen, Sie haben andere Ziele, Ansichten und Wertvorstellungen – eine Tatsache, die nicht als negativ zu betrachten ist, sondern unsere Gesellschaft vielfältig und menschlich erscheinen lässt.

Setzen Sie Ihre persönlichen Wertmaßstäbe nicht an anderen Menschen an; nicht Jeder ist bereit, Verantwortung zu übernehmen, ein höheres Engagement einzubringen, sich privat fachlich und sozial fortzubilden oder Ähnliches. Menschen sind sehr unterschiedlich und sollten auch so gesehen werden – vergleichende Maßstäbe werden sich keinesfalls als zielführend herausstellen.

Fehler #6: Erfahrung

Erfahrung ist ein Gut, eine Kompetenz, ein Wissensstand, den wir nicht aus Büchern lernen oder durch sonstige Fortbildung erwerben können. Erfahrung ist die Fähigkeit, Situationen und spezifische Gegebenheiten auf eine bestimmte Art und Weise anzugehen, das eigene Team entsprechend zu steuern und potenziellen Problematiken bereits im Vorfeld vorzubeugen. Neben der direkten, praktisch anzuwendenden Erfahrung spiegelt sie sich ebenso in Ihrem Verhalten wider; wie Sie persönlich auf gewisse Verhaltensweisen Ihrer Mitarbeitenden, Ihrer Kunden, Lieferanten etc. reagieren und mit Problemstellungen umgehen. Bleiben Sie ruhig, haben den gesamten Überblick oder stürzen Sie sich in Kleinigkeiten und verlieren das große Ganze aus den Augen? Gehen Sie mit Ihrem Team, Ihren Kolleginnen und Kollegen auf eine bestimmte Art und Weise um, weil Sie es in einem neuen Management-Buch gelesen haben oder weil es sich, Ihrer persönlichen Erfahrung nach, in der Vergangenheit bereits bewährt hat?

Ich könnte Ihnen viele weitere Beispiele an dieser Stelle formulieren, doch ist die Antwort manchmal einfacher, als es im ersten Moment erscheint oder wir es wahrhaben wollen. Erfahrung ist ein Gut, in welchem „junge" Führungskräfte ein Defizit haben. Das ist nicht negativ zu betrachten; Ihnen fehlen die Jahre, in denen Sie die unterschiedlichsten Herangehensweisen ausprobieren und aus den Resultaten hätten lernen können.

> Seien Sie ehrlich sich selbst gegenüber, gestehen Sie sich diese Tatsache ein; ein sehr wichtiger Aspekt in Ihrer Rolle als Führungskraft.

Sie können nicht alles wissen und das ist auch nichts Negatives.

Die Frage ist, wie Sie damit umgehen. Lernen Sie aus jedem Augenblick, einer jeden neuen Situation – probieren Sie neue Ansätze und Herangehensweisen, doch passen Sie diese auch bedarfsbezogen an. Schreiten Sie mit offenen Augen durch den Tag und Sie werden sich innerhalb kürzester Zeit viel neues Wissen aneignen und bei Ihren persönlichen Kompetenzen vorankommen.

Möchten Ihre älteren Mitarbeitenden, Kolleginnen oder Kollegen Sie am persönlichen Erfahrungsschatz der vergangenen Jahre teilhaben lassen, so nehmen Sie das Angebot stets freundlich an, auch wenn Sie eine gegenteilige Meinung vertreten oder die angesprochenen Thematiken Ihnen bereits in gewisser Weise bekannt sind. Hören Sie aufmerksam zu, zeigen Sie Interesse und, vor allem, treten Sie wertschätzend auf. Verhalten Sie sich nicht überheblich oder abweisend, auch wenn Sie es als Tadel oder als Korrektur des persönlichen Wissens oder entsprechender Kompetenzen ansehen. Ähnliche Situationen werden im Lauf der Zeit immer wieder auftreten. Sehen Sie diesen entspannt entgegen, nehmen Sie es nicht persönlich und nutzen Sie die Gespräche, um die Bindung zu den jeweiligen Personen zu festigen. Aus einer jeden, anfangs negativ wirkenden Situation, sollten Sie stets etwas Positives gewinnen. Eine Ablehnung der zu vermittelnden Inhalte oder eine nicht wertschätzende Reaktion auf solche Gespräche wird Sie als eingebildet, unfreundlich und grundsätzlich unsympathisch darstellen. Es ist einfach zu vermeiden und kostet Sie dabei weder viel Zeit noch große Mühe.

Fehler #7: Führungsmacht

> „Willst Du den wahren Charakter eines Menschen erkennen, so gib ihm Macht." *Abraham Lincoln*

Bitte erlauben Sie mir, Ihnen den Aspekt der Führungsmacht in einem sehr prägnanten Satz auf den Punkt zu bringen: „Macht ist eine verlockende Hure. Sie kommt, sie bereitet Vergnügen, sorgt für ein tolles Gefühl und neigt dazu, vieles zu zerstören – bis Sie alleine und einsam sind."

Macht lässt sich auf die unterschiedlichen Weisen definieren, und doch kommen alle zum gleichen Ergebnis. Macht ist ein sehr verlockender Zustand, ein Gefühl, eine Möglichkeit, ein Verlangen oder wie Sie es individuell für sich formulieren möchten. Das obige Zitat bringt es sehr gut auf den Punkt, ich kann Herrn Lincoln nur zustimmen. Verspüren Menschen Macht, haben sie erst mal das Gefühl der Überlegenheit erlebt, ändern sie sich zumeist, leider nicht immer zum Positiven. Macht stellt eine Verführung dar, der viele Frauen und Männer verfallen, die sie mit Kraft und Motivation immer weiter zu gehen verleitet, um stets nach ihr zu streben. Bei ihr angekommen wird sie zur Sucht, denn sie abgeben können nur die Wenigsten.

Ehrlich gesagt ist es meiner persönlichen Meinung nach kaum bis gar nicht möglich, eine Person auf die Situation vorzubereiten, in der ihr Macht zugesprochen wird. Die frühzeitige Sensibilisierung für dieses empfindliche Thema ist die beste Herangehensweise – die persönliche Reflexion über potenzielle vergangene negative Erfahrungen und die Entwicklung des Bewusstseins, über mögliche Risiken und Folgen von falschem und unbedachtem Verhalten. Das direkte Ausüben von Macht, beispielsweise im Rahmen der beruflichen Überlegenheit, sollte stets den letzten Ausweg darstellen. Nutzen Sie Ihre disziplinarische Position nicht willkürlich und erwähnen Sie diese verständlicherweise nicht ohne Grund. Ist eine Diskussion noch so anstrengend und zeitraubend, so bemühen Sie sich dennoch um eine diplomatische und neutrale Lösung, gehen Sie nicht den Weg der direkten Machtausübung.

Grundsätzlich wird Führungskräften die direkte und vorschnelle Ausübung von Macht negativ ausgelegt. Mitarbeitende wünschen sich eine stärkere Einbindung in die Entscheidungsprozesse sowie in die Beweggründe für einzelne Entscheidungen und Neuerungen. Damit einhergehend zeigt sich oftmals die unbefriedigende Form der Kommunikation seitens Führungskräfte: Prozesse schrittweise erneuert und neue Arbeitsweisen eingeführt, die betroffenen Kolleginnen und Kollegen jedoch zu wenig betreut und am praktischen Beispiel unterstützt.

Dieses Beispiel verdeutlicht, dass bei einer ausgewogenen und offenen Kommunikation Macht deutlich seltener angewandt werden muss. Sind Ihren Teammitgliedern alle, oder die meisten Informationen bekannt, haben Sie diese im Detail kommuniziert und sich ausreichend Zeit für Fragen gelassen, werden Sie einen stärkeren Rückhalt im Team erhalten, auch im Fall von negativen Aspekten. Reden Sie und gehen Sie bei auftretenden Problemen und Schwierigkeiten auf die jeweiligen Personen zu, zeigen Sie sich verständnisvoll und hören Sie aufmerksam zu – Sie werden bald merken, dass gute Führung zumeist ohne die Ausübung von disziplinarischen Aspekten auskommt.

Fehler #8: Kompensation

Sie sind eine junge Führungskraft – diese Aussage ist einfach und klar im Verständnis und einfach zu erkennen. Bemühen Sie sich nicht, eine andere Person zu sein als Sie es tatsächlich sind. Unter diesem Aspekt habe ich bewusst die provokante Überschrift „Kompensation" gewählt. Im Rahmen der Tätigkeit in Ihrer Branche, im Unternehmen oder in der Organisation, für die Sie tätig sind, findet für gewöhnlich eine gewisse Anpassung der eigenen Person statt. Mir ist es jedoch ein Anliegen, Ihnen bewusst zu machen, dass diese nur in einem entsprechenden Rahmen stattzufinden hat und keine übertriebenen Züge annehmen sollte. Zu oft habe ich in den vergangenen Jahren junge Menschen sich verstellen gesehen und diverse Versuche, nach außen ein anderer Mensch zu sein, unternehmen sehen,. Diese Erfahrungen haben mich bewegt, Ihnen im Folgenden eine Auswahl von Stichpunkten zusammenzustellen und mit Beispielen zu unterlegen. Auf diese Weise fällt es Ihnen leichter, diese in Bezug auf die eigene Person abzuleiten und individuelle Gedankengänge daraus zu ziehen.

Kleidung – Kleidung kann auf eine sehr vielfältige Art und Weise betrachtet werden. Zum einen drückt Sie unsere Persönlichkeit, unseren individuellen Geschmack, Vorlieben, die gewollte oder ungewollte Zugehörigkeit zu einer Kategorisierung und weitere Faktoren aus. So einfach die Einschätzung auf Basis der Kleidung im ersten Moment auch zu sein vermag, so ungenau und trügerisch ist diese. Kleidung ist ein Schleier, eine Art der Verkleidung für den beruflichen Alltag – das trifft freilich nicht auf alle Personen zu, doch wird es von manchen so empfunden. In spezifischen Branchen sind gewisse Gepflogenheiten wie Anzüge oder Kostüme der Norm entsprechend, und bereits eine Jeans in Kombination mit einem Hemd oder einer Bluse eine Abweichung vom Gewohnten und Gewollten. Die vergangenen Jahre haben jedoch aus positiver Betrachtungsweise einen kulturellen Wandel in viele Unternehmen gebracht, nicht in allen Branchen zum gleichen Anteil, aber auch in den verbleibenden immer stärker im Kommen. Wählen Sie Ihre Kleidung nicht vordergründig, um eine spezifische Wirkung zu verfolgen. Ein Anzug lässt Sie möglicherweise älter und reifer aussehen, doch wenn Sie sich darin unwohl fühlen und diese Kleiderwahl in Ihrem Unternehmen als eher ungewöhnlich betrachtet wird, werden Sie die gegenteilige Wirkung erzielen. Sie werden negativ auffallen und Ihre Mitarbeitenden sowie die Kolleginnen und Kollegen werden Ihnen Ihre persönliche Ablehnung der getragenen Kleidung ansehen.

Seien Sie sich der eigenen Person und Ihrer Vorzüge bewusst. Kleiden Sie sich der Arbeit und Ihrer Organisation nach passend, doch übertreiben Sie es nicht. Haben Sie persönlich einen sehr legeren und extravaganten Stil, müssen Sie diesen in der Arbeit möglicherweise etwas anpassen. Hierbei geht es nicht um die Veränderung der eigenen Persönlichkeit, vielmehr um ein Ihrer Position entsprechendes Auftreten und der damit einhergehenden individuellen Darstellung.

Persönliche Interessen – Kurze Gespräche in der Mittagspause, Small Talk während der Arbeit, auf abendlichen Veranstaltungen oder auf dem gemeinsamen Weg ins Büro: Es ergeben sich im beruflichen Alltag viele Situationen, in denen Sie Ihre Mitarbeitenden, Kolleginnen und Kollegen etwas näher von privater Seite kennen lernen können. Ungezwungene Gespräche über private Themen wie persönliche Interessen, Hobbys, den letzten Urlaub oder anstehende Reiseziele sind eine angenehme Abwechslung zwischen den einzelnen Aufgaben. Ein solcher Austausch ist für die persönliche Bindung, die gegenseitige Sympathie und das allgemeine zwischenmenschliche Verhältnis sehr wichtig. Hierbei geht es nicht darum, sein Herz zu öffnen und von allen positiven und negativen Seiten der eigenen Person zu berichten – es sollen unkomplizierte Gespräche in angenehmer persönlicher Atmosphäre sein.

Ähnlich wie bei der Kleidung sollten Sie ehrlich zu sich und Ihren Gesprächspartnern sein. Fehlt Ihnen das Wissen oder die Erfahrung über gewisse Themen, so versuchen Sie nicht, dies mit Halbwissen zu kaschieren. Solches Verhalten fällt schnell auf und wirkt unsympathisch, vor allem betrachten die meisten Personen dies als absolut unnötig und unangebracht. Sind Sie in einem Themenbereich nicht sehr belesen oder hatten damit bislang noch keine Berührungspunkte, so stehen Sie dazu und zeigen Sie Interesse, mehr darüber zu erfahren. Auf diese Weise entsteht ein Gesprächsstoff, der Ihrem Gegenüber persönlich liegt, und Sie bauen eine stärkere Bindung zu ihm auf. Wichtig ist natürlich, dass Sie sich um entsprechende Gesprächsthemen bemühen und ehrliches Interesse an den Menschen in Ihrem Umfeld zeigen. Seien Sie Neuem offen gegenüber und Sie werden merken, wie andere Menschen Ihre Nähe zu suchen beginnen.

Allgemeines Verhalten – Organisationen verschiedener Branchen und Bereiche haben spezifische Verhaltenstendenzen, die im direkten Vergleich mit anderen Branchen oder Abteilungen besonders auffallen. Sind Sie eher eine extrovertierte und offene Person, können Sie mit Ihrem Verhalten bei einer eher introvertierten und ruhigen Abteilung auf Unverständnis und Ablehnung treffen. Leiten Sie wiederum beispielsweise eine Verkaufsabteilung und neigen dazu, sehr ruhig aufzutreten, können Sie mit dem Team, welches tendenziell extrovertiert ist, gewisse Herausforderungen hervorrufen. Auch an dieser Stelle unterstützt Sie das DISG-Modell, das neue Team besser einzuschätzen und die primären und sekundären Verhaltenstendenzen richtig zu werten.

Seien Sie sich dieser Unterschiede bewusst und passen Sie gegebenenfalls Ihr Verhalten etwas an. Jedoch seien Sie sich der eigenen Person bewusst – verstellen Sie sich zu offensichtlich, kann es

Ihnen negativ ausgelegt werden, da Sie versucht haben, Ihre Persönlichkeit und das eigene Verhalten zu sehr künstlich zu verändern. Hier ist Fingerspitzengefühl gefragt. Treten Sie entsprechend den Menschen in Ihrer Umgebung ruhiger oder offener auf, dominanter oder beziehungsorientiert. Beispiele lassen sich viele aufzählen und doch würden diese zu keiner finalen und übergreifenden Lösung führen. Solche Besonderheiten müssen Ihnen im Klaren sein, und Sie sollten Ihr Team, die Kolleginnen und Kollegen dementsprechend beobachten. Kommt Ihr Verhalten in alltäglichen Situationen vielleicht auf eine falsche Art und Weise rüber – erkennen Sie Unverständnis Ihnen gegenüber, in den Augen anderer Personen? Reflektieren Sie solche Situationen im Detail und hinterfragen Sie mögliche Gründe – seien Sie sich der subjektiven Wahrnehmung bewusst und bemühen Sie sich um eine differenzierte Betrachtungsweise aus verschiedenen Perspektiven.

Sensibilisierung

Ich kann Sie in Ihrer Wahl des Weges, eine Führungskraft zu sein, sehr gut verstehen. Auch mich hat es früh verlockt und motiviert, diesen Weg für mich zu wählen: Eine herausfordernde und doch sehr spannende Aufgabe mit all ihren Vor- und Nachteilen. Das Leben einer Führungskraft ist sehr vielfältig und nur selten monoton. Haben Sie sich entschieden, eine hierarchische Karriere zu bestreiten, so werden Sie sich auf Ihrem Weg vor vielen Herausforderungen wiederfinden und die unterschiedlichsten Entscheidungen treffen müssen. Ebenfalls werden Sie sehr komplexe Situationen lösen müssen und den einen oder anderen Konflikt erleben. Dieser muss nicht direkt auf Ihren Worten oder Taten basieren. Allein die Tatsache, dass Sie auf der entsprechenden Position sind und nicht jemand anderes, genügt, um Sie als potenziellen Konkurrenten zu betrachten. Ich möchte Sie im Folgenden für einige, meiner Meinung nach, sehr wichtige Aspekte sensibilisieren und Ihnen die entsprechenden Thematiken etwas näherbringen. Diese sind nicht aufeinander aufbauend, auch wenn Sie mögliche Parallelen und Gemeinsamkeiten erkennen. Es handelt sich um einen groben Auszug meiner Erfahrungen der vergangenen zehn Jahre als angehende Führungskraft, als ausführende Führungskraft und als Mitarbeitender unterschiedlicher Teams. Eine weitere Besonderheit war, dass ich jene Erfahrungen und Erkenntnisse als externe beratende und ausführende Person sowie als interner Angestellter gewonnen habe. Doch richten Sie nun Ihre Aufmerksamkeit auf den ersten Punkt.

Resümee

Lernen und Reflektieren: Aspekte die Sie ein Leben lang begleiten. Sie lesen Zeilen über Zeilen, blättern eine Seite nach der anderen und haben die unterschiedlichsten Bücher in Ihren Händen. Eine allumfassende Lehre, ein Horizont, der in Augen Vieler nicht näher zu kommen vermag. Führung von Mitarbeitenden ist eine Aufgabe, die Sie täglich vor neue Herausforderungen stellen wird. Die unterschiedlichsten Situationen werden Sie fordern und an Ihren Fähigkeiten zweifeln lassen. Eine Tatsache, die nicht gerne und einfach wahrzunehmen ist, doch alle Führungskräfte betrifft.

Die Führung von Menschen ist eine Aufgabe, in der Sie sich Emotionen und Stimmungen Einzelner auszusetzen haben; der subjektiven Wahrnehmung und den irrationalen Handlungen – Verhaltensweisen, die nicht aus einer logischen Sichtweise nachzuvollziehen sind.

Jedoch eine Verlockung, ein Reiz, eine Berufung, der sich Viele hingezogen fühlen. Eine Entscheidung, die weise und gut bedacht getroffen werden sollte – keineswegs überstürzt aus einer Laune heraus.

Gehen Sie mit Herz und Verstand an diesen Weg heran. Bestreiten Sie ihn stets rational und verfallen Sie nicht einzelne Empfindungen. Betrachten Sie einen jeden Moment differenziert und wenn möglich auch mit den Augen Ihres Gegenübers.

Fordern Sie sich jeden Tag aufs Neue, arbeiten Sie an Ihrem Wissen, werden Sie in Ihren Fähigkeiten besser und führen Sie Ihre Mitarbeitenden mit Leidenschaft. Es ist an Ihnen, für eine harmonische Atmosphäre zu sorgen, Wissen weiterzugeben und zugleich Grenzen aufzuzeigen. Eine aufregende Reise wartet auf Sie, lassen Sie sich darauf ein und genießen Sie jeden Augenblick.

Notizen

Literatur

Quality of Leadership and Workplace Bullying: The Mediating Role of Social Community at Work in a Two-Year Follow-Up Study [Abstract]. Journal of Business Ethics, Online First Articles.

Arno Rolf / Arno Sagawe
Des Googles Kern
und andere Spinnennetze
Die Architektur der digitalen Gesellschaft
UVK